數據庫
管理與應用

主編 ○ 郭進、徐鴻雁

前言

  本書以關係數據庫系統為核心，以 SQL Server 2008 為平臺，全面闡述數據庫系統的基本概念、基本原理和應用技術，主要包括數據庫基本概念，數據庫設計，數據庫操作，數據庫管理，數據庫應用以及結合程序設計的數據庫開發，並設計了大量的課堂上機實驗指導，同學們在學習過程中，可以邊學邊練。本書主要分為五個模塊：模塊一講解數據庫設計的基本概念和設計流程以及方法；模塊二講解數據庫的操作，包括 SQL 命令；模塊三講解數據庫的管理，包括數據庫的恢復以及並發控制；模塊四講解數據庫的高級應用；模塊五講解數據庫的程序設計開發。本書由概念到管理，由管理到應用，再由應用到開發，由易到難，合適同學們學習使用。

目錄

第一章 SQL Server 2008 簡介 ... 1

1.1 SQL Server 2008 數據庫概述 ... 1
   1.1.1 SQL Server 2008 簡介 ... 1
   1.1.2 SQL Server 2008 管理工具 ... 2
1.2 數據庫基礎知識 ... 3
   1.2.1 數據庫相關概念 ... 3
   1.2.2 數據庫系統的體系結構 ... 4
   1.2.3 數據庫技術的研究領域 ... 6

第二章 數據庫設計 ... 8

2.1 數據庫設計概述 ... 8
   2.1.1 數據庫設計方法 ... 9
   2.1.2 數據庫設計步驟 ... 10
   2.1.3 數據庫三級模式 ... 12
2.2 需求分析 ... 13
   2.2.1 需求分析任務 ... 13
   2.2.2 需求分析方法 ... 15
2.3 概念結構設計 ... 17
   2.3.1 概念模型 ... 17

  2.3.2 概念設計方法 18
  2.3.3 概念結構設計步驟 19
2.4 邏輯結構設計 21
  2.4.1 E-R 圖向關係模式的轉換 22
  2.4.2 關係模式的規範化 23
  2.4.3 關係模式的改進 23
2.5 物理結構設計 24
  2.5.1 物理結構設計內容 24
  2.5.2 關係模式存取 27
  2.5.3 評價物理結構 28
2.6 數據庫實施 28
  2.6.1 數據庫實施 28
  2.6.2 數據庫試運行 29
  2.6.3 數據庫的維護 29

第三章 數據庫操作 31

3.1 數據庫操作概述 31
  3.1.1 創建數據庫 32
  3.1.2 修改數據庫 35
  3.1.3 刪除數據庫 40
3.2 數據表操作 42
  3.2.1 創建表 44
  3.2.2 修改表 47
  3.2.3 刪除表 49
3.3 數據更新 51
  3.3.1 添加記錄 51
  3.3.2 修改記錄 53
  3.3.3 刪除記錄 56
3.4 單表查詢 58

  3.4.1 查詢簡單列 59
  3.4.2 查詢簡單行 66
  3.4.3 條件查詢 68
  3.4.4 聚合函數 72
  3.4.5 分組查詢 74
  3.4.6 對查詢結果排序 77
3.5 多表查詢 78
  3.5.1 連接查詢 78
  3.5.2 集合查詢 80
  3.5.3 嵌套查詢 82

第四章 數據庫管理 86

4.1 數據庫恢復 86
  4.1.1 數據庫恢復概述 86
  4.1.2 數據庫故障類型 86
  4.1.3 數據庫恢復技術 87
  4.1.4 數據庫鏡像 88
4.2 數據庫並發控製 89
  4.2.1 數據庫並發控製概述 89
  4.2.2 數據庫活鎖和死鎖 90
4.3 數據庫備份和還原 93
  4.3.1 備份數據庫 93
  4.3.2 還原數據庫 97

第五章 數據庫應用 101

5.1 索引 101
  5.1.1 索引概述 101
  5.1.2 索引類型 101

  5.1.3 創建索引   102

  5.1.4 刪除索引   103

 5.2 視圖   104

  5.2.1 視圖概述   104

  5.2.2 創建視圖   105

  5.2.3 修改視圖   108

  5.2.4 使用視圖   109

  5.2.5 刪除視圖   114

 5.3 存儲過程   114

  5.3.1 存儲過程概述   114

  5.3.2 使用存儲過程   115

  5.3.3 管理存儲過程   119

 5.4 觸發器   122

  5.4.1 觸發器概述   122

  5.4.2 創建觸發器   122

  5.4.3 管理觸發器   125

 5.5 事務   127

  5.5.1 事務概述   127

  5.5.2 事務定義   127

第六章 數據庫開發   130

 6.1 間接數據庫訪問原理   130

 6.2 Visual Basic 6.0 數據庫訪問方法   131

  6.2.1 可視化數據管理器   131

  6.2.2 數據環境設計器   134

  6.2.3 ODBC 數據庫訪問方法   137

  6.2.4 Jet 數據庫引擎訪問方法   143

  6.2.5 OLE DB 數據庫訪問方法   145

 6.3 Visual Basic 6.0 數據庫應用開發實例   147

6.3.1	實例簡介	147
6.3.2	數據庫表結構	148
6.3.3	連接ODBC數據源實現數據查詢	150
6.3.4	以OLE DB提供者實現數據增加	152
6.3.5	以OLE DB提供者實現數據刪除	156

第七章　上機實驗指導　　　　　　　　　　　　　　159

7.1	實驗指導一——SQL Server 2008安裝	159
7.2	實驗指導二——數據庫設計項目	170
7.3	實驗指導三——數據庫操作及SQL命令	171
7.4	實驗指導四——表操作及SQL命令	173
7.5	實驗指導五——數據更新及SQL命令	175
7.6	實驗指導六——單表查詢及SQL命令	176
7.7	實驗指導七——多表查詢及SQL命令	178
7.8	實驗指導八——數據庫備份和還原	179
7.9	實驗指導九——索引	179
7.10	實驗指導十——視圖	180
7.11	實驗指導十一——存儲過程	183
7.12	實驗指導十二——觸發器	185
7.13	實驗指導十三——VB/SQL數據庫開發	188

附　錄　SQL命令查詢　　　　　　　　　　　　　　　190

第一章　SQL Server 2008 簡介

1.1　SQL Server 2008 數據庫概述

1.1.1　SQL Server 2008 簡介

SQL Server 2008 是由微軟（Microsoft）公司發布的一款高性能的關係型數據庫管理產品，它推出了許多新的特性和關鍵的改進，為用戶提供了完整的數據管理和分析解決方案，例如用戶可以完成數據的查詢、搜索、同步、報告和分析等操作。

SQL Server 2008 允許用戶在使用 Microsoft.NET 和 Visual Studio 開發的自定義應用程序中使用數據，以及在面向服務的架構（SOA）和通過 Microsoft BizTalk Server 進行的業務流程中使用數據。信息工作人員可以通過他們日常使用的工具（例如 Microsoft Office 系統）直接訪問數據。SQL Server 2008 為用戶提供了一個可信的、高效率的智能數據平臺，可以應對各種複雜的應用。

SQL Server 2008 的主要功能如下：

1. 對數據的保護

在不更改應用程序的情況下，SQL Server 2008 提供了對整個數據庫、數據表和日誌文件的加密，關注了數據的隱私。

2. 審查的增強

SQL Server 2008 為用戶提供了審查自己數據操作的功能，例如審查自己對數據信息的修改，何時讀取數據等信息，提高了系統的可靠性和安全性。

3. 數據頁的自動修復

在 SQL Server 2008 中，通過請求獲得一個從鏡像成員上得到的出錯頁面的刷新

副本，可以允許代理及鏡像修復數據頁面上出現的錯誤。

4. 有效的數據壓縮

SQL Server 2008 的數據壓縮功能可以讓數據在降低存儲要求的情況下更有效地存儲，較好地改善了大規模 I/O 負載的性能。

5. 應用程序穩定性的增加

SQL Server 2008 與 SQL Server 2005 相比，穩定性得到提高，可以簡化數據庫失敗恢復的工作，在添加 CPU 資源時也不會影回應用程序的功能。

6. 資源監控器的推出

數據庫管理員借助資源監控器，通過為不同的工作負載定義資源限制和優先權，實現了工作負載的並發進行，提供了穩定的性能給終端用戶。

7. 系統執行效能的最佳化

SQL Server 2008 中進一步強化了系統的執行效能，而且在一個中央資料的容器中，存儲了可以執行自動收集數據的資料。針對容器中的資料，系統又提供了現成的管理報表，讓數據庫管理者將現有的執行效能和先前的歷史效能相對比，得出比較報表，為管理者進一步的管理與分析工作提供依據。

1.1.2　SQL Server 2008 管理工具

1. SQL Server 管理環境

SQL Server 管理環境（SQL Server Management Studio）是用於訪問、配置、控製、管理和開發 SQL Server 2008 所有組件的一種集成環境。同時，SQL Server Management Studio 將大量的圖形工具和豐富的腳本編輯器組合在一起，實現了各種技術級別的開發人員和管理員對 SQL Server 的訪問。

SQL Server Management Studio 將早期版本的 SQL Server 中所包含的企業管理器、查詢分析器和 Analysis Manager 功能整合到單一的環境中。除此之外，SQL Server Management Studio 還可以協同 SQL Server 的所有組件一起工作，例如 Integration Services、Reporting Services 和 SQL Server Compact 3.5 SP1。數據庫管理員可以獲得功能齊全的單一實用工具，開發人員也可以獲得熟悉的體驗。

2. SQL Server 2008 配置管理器

SQL Server 2008 配置管理器為 SQL Server 服務、服務器協議、客戶端協議和客戶端別名提供基本的配置管理。它通過【配置工具】→【SQL Server 配置管理器】打開，如圖 1-1 所示，也可以通過在命令提示下輸入 sqlservemanager.msc 命令打開。

3. SQL Server Profiler

SQL Server Profiler 提供了一個用於 SQL 跟蹤的圖形用戶界面，用於監視數據庫引擎實例或者 Analysis Services 實例。它可以幫助捕獲關於每個數據庫事件的數據，並將其保存到文件或者表中，以供日後分析。

第一章 SQL Server 2008 簡介

圖 1-1　SQL Server 2008 配置管理器

4. 數據庫引擎優化顧問

數據庫引擎優化顧問（Database Engine Tuning Advisor）是協助用戶創建索引、索引視圖和分區的最佳組合，它可以幫助用戶分析工作負荷、提出創建高效率索引的建議等。

5. 命令提示實用工具

除了上述的圖形化管理工具，SQL Server 2008 還提供了可以從命令提示符中運行的工具，例如 sqlcmd.exe、osql.exe、bcp.exe、dtexec.exe、dtutil.exe、rsconfig.exe、sqlwb.exe、tablediff.exe 等。

1.2　數據庫基礎知識

1.2.1　數據庫相關概念

1. 數據

數據（Data）是數據庫中存儲的基本對象，是人們用來描述信息的可識別的符號。數據具有多種表現形式，它與傳統意義上理解的數據不同，可以是數字、文字、圖形、圖像、聲音、動畫等，都可以經過數字化後存入計算機。

2. 數據庫

數據庫（Data Base，簡稱 DB）是長期存儲在計算機內的、有組織的、並且可以共享的大量數據的集合，它將數據按照一定的數據模型組織、描述和存儲，具有

3

較小冗餘度、較高數據獨立性和易擴展性、可以被各種用戶共享等特點。

3. 數據庫管理系統

數據庫管理系統（Database Management System，簡稱 DBMS）對數據庫進行統一的管理和控製，是位於用戶和操作系統之間的一種操縱和管理數據庫的大型軟件，用戶可以通過數據庫管理系統對數據庫進行定義、創建、維護和訪問。

4. 數據庫應用系統

數據庫應用系統（Database Application System）的應用相當廣泛，它是使用數據庫技術管理其數據的系統的總稱，可以用於計算機輔助設計、計算機圖形分析、人工智能等系統中。

5. 數據庫系統

數據庫系統（Database System，簡稱 DBS）是指在計算機系統中引入數據庫後構成的系統，是一個實際可以運行的、按照數據庫方法存儲、維護並向應用系統提供數據支持的系統，一般是由數據庫、數據庫管理系統（及其開發工具）、應用系統、數據庫管理員、用戶和計算機硬件構成。如圖 1-2 所示。

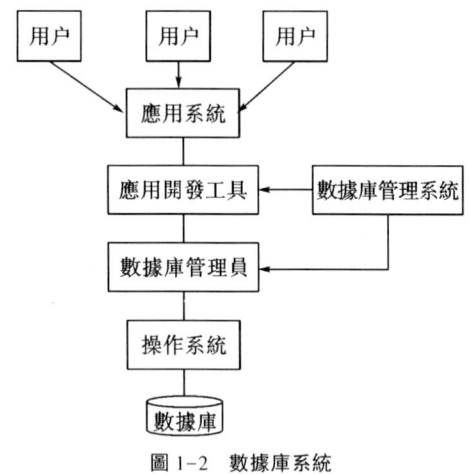

圖 1-2　數據庫系統

6. 數據庫管理員

數據庫管理員（Database Administrator，簡稱 DBA）是負責數據庫系統正常運行的高級用戶，它決定數據庫的數據內容和存儲結構、定義數據的安全性與完整性、監控數據庫的運行與數據的重組恢復。

1.2.2　數據庫系統的體系結構

數據庫系統的體系結構分為三級模式與二級映像。

數據庫系統的三級模式結構是指數據庫系統是由外模式、模式和內模式三級構

成。數據庫管理系統在這三級模式之間提供了兩級映像：外模式/模式映像和模式/內模式映像。

1. 模式

模式（Schema）也稱概念模式，是對數據庫中全部數據的邏輯結構和特徵的描述，是所有用戶的公共數據視圖。它是數據庫系統模式結構的中間層，既不涉及數據的物理存儲細節和硬件環境，也不涉及具體的應用程序及所使用的應用開發工具和高級程序設計語言。

模式實際上是數據庫數據在概念級上的視圖，一個數據庫只有一個模式。模式通常以某一種數據模型為基礎，統一、綜合地考慮了所有用戶的需求，並將這些需求有機地結合成一個邏輯整體。定義模式時不僅要定義數據的邏輯結構（例如數據記錄由哪些數據項構成，數據項的名稱、類型、取值範圍等），而且還要定義數據項之間的聯繫，定義不同記錄之間的聯繫，以及定義與數據有關的完整性、安全性等要求。

2. 外模式

外模式（External Schema）也稱用戶模式，它是數據庫用戶能夠看見和使用的局部數據的邏輯結構和特徵的描述，是數據庫用戶的數據視圖，即個別用戶涉及的數據的邏輯結構。

外模式通常是模式的子集，一個數據庫可以有多個外模式。由於它是各個用戶的數據視圖，如果不同的用戶在應用需求、看待數據的方式、對數據保密的要求等方面存在差異，則其外模式描述則不同。即使對模式中的同一數據，在外模式中的結構、類型、長度和保密級別等都可以不同。另外，同一個外模式也可以為某一用戶的多個應用系統所使用，但一個應用程序只能使用一個外模式。

外模式是保證數據庫安全性的一項有效措施。每個用戶只能看見和訪問所對應的外模式中的數據，數據庫中的其餘數據是不可見的。

3. 內模式

內模式（Internal Schema）也稱存儲模式，一個數據庫只有一個內模式，它是數據物理結構和存儲方式的描述，是數據在數據庫內部的表示方式。例如，記錄的存儲方式是順序存儲、B 樹結構存儲還是 Hash 方法存儲；索引按照什麼方式組織；數據是否壓縮存儲，是否加密；數據的存儲記錄結構有何規定等。

4. 外模式/模式映像

外模式/模式映像是數據的全局邏輯結構，外模式描述的是數據的局部邏輯結構，對應於同一個模式可以有任意多個外模式。對於每一個外模式，數據庫系統都有一個外模式/模式映像，它定義了該外模式與模式之間的對應關係，這些映像定義通常包含在各自外模式的描述中。

當模式改變時（如增加新的關係、新的屬性、改變屬性的數據類型等），由數據庫管理員對各個外模式/模式映像作相應改變，可以使外模式保持不變。應用程序

數據庫管理與應用

是根據數據的外模式編寫的，從而應用程序不必修改，保證了數據與程序的邏輯獨立性，簡稱數據的邏輯獨立性。

5. 模式/內模式映像

數據庫中只有一個模式，也只有一個內模式，所以模式/內模式映像是唯一的，它定義了數據全局邏輯結構與存儲結構之間的對應關係。例如，說明邏輯記錄和字段在內部是如何表示的。該映像定義通常包含在模式描述中。當數據庫的存儲結構改變（如選用了另一種存儲結構），由數據庫管理員對模式/內模式映像作相應改變即可，可以使模式保持不變，從而應用程序也不必改變，保證了數據與程序的物理獨立性，簡稱數據的物理獨立性。

在數據庫的三級模式結構中，數據庫模式即全局邏輯結構是數據庫的中心與關鍵，它獨立於數據庫的其他層次。因此，設計數據庫模式結構時應首先確定數據庫的邏輯模式。

數據庫的內模式依賴於它的全局邏輯結構，但獨立於數據庫的用戶視圖即外模式，也獨立於具體的存儲設備。它是將全局邏輯結構中所定義的數據結構及其聯繫按照一定的物理存儲策略進行組織，以達到較好的時間效率和空間效率。

數據庫的外模式面向具體的應用程序，它定義在邏輯模式之上，但獨立於存儲模式和存儲設備。當應用需求發生較大變化，相應外模式不能滿足其視圖要求時，該外模式就得作相應改動，所以設計外模式時應充分考慮應用的擴充性。

1.2.3 數據庫技術的研究領域

數據庫學科的研究範圍主要包括以下三個領域：

1. 數據庫管理系統軟件的研製

數據庫管理系統是數據系統的基礎。數據庫管理系統的研製包括研製數據庫管理系統本身及以數據庫管理系統為核心的一組相互聯繫的軟件系統，包括工具軟件和中間件。研製的目標是提高系統的性能和提高用戶的生產率。

2. 數據庫設計

數據庫設計的研究包括以下內容：

（1）數據庫的設計方法、設計工具和設計理論的研究；
（2）數據模型和數據建模的研究；
（3）計算機輔助數據庫設計及其軟件系統的研究；
（4）數據庫設計規範和標準的研究。

3. 數據庫理論

數據庫理論的研究主要集中在關係規範化理論、關係數據理論等。

近年來，隨著人工智能與數據庫理論的結合以及並行計算技術的發展，數據庫邏輯演繹和知識推理、並行算法等都已成為新的研究方向。

第一章　SQL Server 2008 簡介

　　隨著數據庫應用領域的不斷擴展，計算機技術的迅猛發展，數據庫技術與人工智能技術、網絡通信技術、並行計算技術等相互滲透、相互結合，使數據庫技術不斷湧現出新的研究方向。

第二章　數據庫設計

🌐 2.1　數據庫設計

在信息社會，數據庫的應用已越來越廣泛，大到一個國家的信息中心，小到個體私人企業，都會利用先進的數據庫技術對數據進行有效的管理，保持系統數據的整體性、完整性和共享性。目前，一個國家的數據庫建設規模（指數據庫的個數、種類）、數據庫信息量的大小和使用頻度已成為衡量這個國家信息化程度的重要指標之一。

數據庫設計是指根據用戶的需求，在某一具體的數據庫管理系統上，設計並優化數據庫的邏輯結構和物理結構，建立數據庫的過程。數據庫設計是建立數據庫應用系統工作步驟中的關鍵環節，是信息系統開發中的核心。由於數據庫應用系統的複雜性，為了支持相關程序運行，數據庫設計就變得異常複雜，因此最佳設計不可能一蹴而就，而只能是一種「反覆探尋，逐步求精」的過程，也就是規劃和結構化數據庫中的數據對象以及這些數據對象之間關係的過程。

數據庫設計是一項涉及多學科的綜合性技術，也是一項龐大的工程項目。「三分技術、七分管理、十二分基礎數據」是數據庫設計的特點之一。

在數據庫建設中不僅涉及技術，還涉及管理。要建設好一個數據庫信息系統，開發技術固然重要，但是管理更加重要。企業的業務管理對數據庫結構的設計有直接影響。因為數據庫結構（即數據庫模式）是對企業中業務部門的數據以及各個業務部門之間的數據聯繫的描述和抽象。業務部門的數據以及這些數據之間的聯繫和部門的職責、企業的管理模式是密切相關的。

第二章 數據庫設計

十二分的基礎數據強調了數據的收集、整理、組織和不斷更新,這是數據庫建設中的重要環節,但也是容易被忽視的部分。基礎數據的收集、入庫是數據庫建立初期工作量最大、最繁瑣和最細緻的工作。在以後數據庫運行的過程中更需要不斷的將新數據更新到數據庫中,如果沒有新數據的進入,隨著時間的流逝,數據庫就失去了使用價值。

2.1.1 數據庫設計方法

為了使數據庫設計更合理、更有效,多年來人們通過努力探索,提出了各種各樣的數據庫設計方法,但目前還缺乏一種統一、完善、有效的整套設計方法與工具。

早期數據庫設計主要採用手工試湊法,這種數據庫設計方法的設計質量與設計人員的經驗和水平有直接關係,缺乏科學理論和工程方法的支持,工程的質量難以保證,經常出現數據庫運行一段時間後又發現不同程度的各種問題,增加了維護的代價。

手工試湊法的缺點導致這種方法無法適應現在信息管理發展的需要,后來運用軟件工程的思想和方法,提出了數據庫設計的規範,即數據庫的規範設計法。其基本思想是過程迭代和逐步求精。下面簡單介紹幾種比較有影響的設計方法:

(1)新奧爾良(New Orleans)方法。該方法是目前公認的比較完整和權威的一種規範設計方法,它將數據庫設計分為四個階段,即需求分析、概念設計、邏輯設計和物理設計。在新奧爾良方法上演變的 S. B. Yao 方法將數據庫設計分為了五個階段,I. R. Palmer 方法把數據庫設計當成一步接一步的過程。

(2)基於 E-R 模型的數據庫設計方法。該方法是在需求分析的基礎上,用 E-R 模型來反應現實世界實體與實體之間的聯繫,是數據庫在概念設計階段中廣泛使用的方法。

(3)基於 3NF(第三範式)的數據庫設計方法。該方法是在需求分析的基礎上將數據庫模式中的屬性以及這些屬性之間的依賴關係組織在一個單一的關係模式中,然后再將其投影分解,去掉其中不符合 3NF 的約束條件,將其規範成若干個 3NF 關係模式的集合。

(4)ODL(Object Definition Language)方法。該方法是面向對象的數據庫設計方法,用面向對象的概念和相關術語來說明數據庫結構。ODL 可以描述面向對象數據庫結構設計,也可以直接轉換為面向對象的數據庫。

(5)計算機輔助數據庫設計方法。該方法是數據庫設計趨向自動化的一個重要方面,它的基本思想是提供一個交互式的過程,一方面充分利用計算機速度快、容量大和自動化程度高的特點,完成比較規則、重複性大的設計工作;另一方面又充分發揮設計者的技術和經驗,做出一些重大決策,人機結合,互相滲透,幫助設計者更好的進行數據庫設計。

2.1.2 數據庫設計步驟

在數據庫應用系統的開發過程中，按照規範化的設計方法，數據庫的設計可以分為六個階段：需求分析、概念結構設計、邏輯結構設計、物理結構設計、數據庫實施、數據庫運行和維護。如圖 2-1 所示。

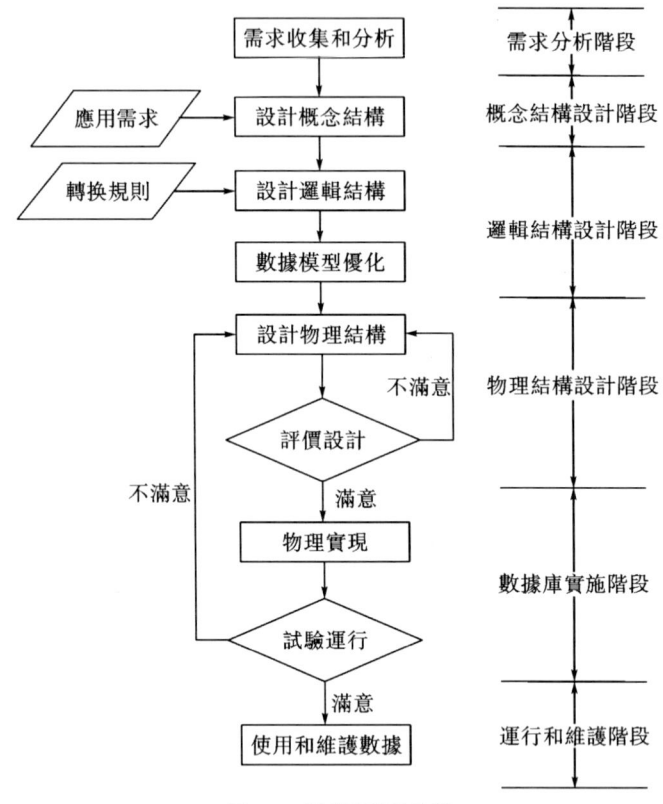

圖 2-1　數據庫設計步驟

在數據庫設計過程中，需求分析和概念結構設計面向用戶的應用要求和具體的問題，可以獨立於任何數據庫關係系統進行。邏輯結構設計和物理結構設計面向數據庫管理系統，與選用的數據庫管理系統密切相關。數據庫實施和數據庫的運行和維護是數據庫的「實現和運行階段」。

數據庫設計開始之前，必須選擇參加設計的人員，包括系統分析人員、數據庫設計人員、數據庫開發人員、數據庫管理員和用戶。系統分析人員和數據庫設計人員是數據庫設計的核心人員，他們將參與整個數據庫的設計，他們的水平決定了數據庫系統的質量。用戶和數據庫管理員主要參加需求分析和數據庫的運行和維護，

第二章　數據庫設計

他們的參與不但能提高數據庫設計的速度，還決定了數據庫設計是否成功。數據庫開發人員負責編寫程序和調試軟硬件環境。

如果所設計的數據庫應用系統比較複雜，還需要考慮是否需要使用數據庫設計工具以及選取哪種設計工具，以提高數據庫設計的質量並減少設計工作量。

1. 需求分析階段

在需求分析階段，數據庫設計人員需要準確瞭解和分析用戶的需求，包括數據和處理。需求分析是整個設計過程的基礎，是最困難、最耗時的一步，它決定了整個數據庫設計的速度和質量。需求分析做得不好，可能會導致整個數據庫設計返工重做。

2. 概念結構設計階段

概念結構設計是整個數據庫設計的關鍵，它通過對用戶需求進行綜合、歸納與抽象，形成一個獨立於具體數據庫管理系統（DBMS）的概念模型。

3. 邏輯結構設計階段

邏輯結構設計是將概念結構轉換為某個數據庫管理系統所支持的數據模型，並對模型進行優化和改進。

4. 物理結構設計階段

物理結構設計是指為邏輯數據模型選取一個最適合應用環境的物理結構，包括存儲結構和存取方法。

5. 數據庫實施階段

數據庫實施是運用數據庫管理系統提供的數據語言（如 SQL）、工具及宿主語言，根據邏輯設計和物理設計的結果建立數據庫，編製與調試應用程序，組織數據入庫，並進行試運行。

6. 數據庫運行和維護

數據庫應用系統經過試運行后即可投入正式運行。在數據庫系統運行過程中要不斷的對數據庫進行評價、調整與修改。

數據庫設計的過程並不是一蹴而就的，它是數據庫設計六個步驟不斷的反覆。數據庫設計步驟不僅是數據庫的設計過程，也是數據庫應用系統的設計過程。在設計過程中要把數據庫設計和數據處理等設計緊密結合，將兩種需求分析、抽象、設計和實現在各個階段同時進行，相互參照、相互補充，以完善數據庫和數據來處理兩個方面的設計。按照這個原則，數據庫各個階段的設計內容見表 2-1。

表 2-1　　　　　　　　　　數據庫設計階段的描述

設計階段	設計描述	
	數據	處理
需求分析	數據字典、全系統中數據項、數據流、數據存儲的描述	數據流圖和判定表、判定樹、數據字典中處理過程的描述

11

表2-1(續)

設計階段	設計描述	
	數據	處理
概念結構設計	概念模型（E-R圖）、數據字典	新系統要求、方案和概圖 反應新系統信息的數據流圖
邏輯結構設計	某種數據模型、關係模型	系統結構圖、模塊結構圖
物理結構設計	存儲安排、存取方法、存儲位置	模塊設計、IPO表
數據庫實施	編寫模式、裝入數據、數據庫試運行	程序編碼、編譯連接、測試
數據庫運行和維護	性能測試、備份和恢復、逐句庫重組和重構	新舊系統轉換、運行和維護

2.1.3 數據庫三級模式

人們為數據庫設計了一個嚴謹的體系結構，數據庫領域公認的標準結構是三級模式結構，它包括外模式、概念模式、內模式，有效地組織、管理數據，提高了數據庫的邏輯獨立性和物理獨立性。用戶級對應外模式，概念級對應概念模式，物理級對應內模式。

外模式又稱子模式或用戶模式，對應於用戶級。它是某個或某幾個用戶所看到的數據庫的數據視圖，是與某一應用有關的數據的邏輯表示。外模式是從模式導出的一個子集，包含模式中允許特定用戶使用的那部分數據。用戶可以通過外模式描述語言來描述、定義對應於用戶的數據記錄（外模式），也可以利用數據操縱語言（Data Manipulation Language，簡稱DML）對這些數據記錄進行。外模式反應了數據庫的用戶觀。

模式又稱概念模式或邏輯模式，對應於概念級。它是由數據庫設計者綜合所有用戶的數據，按照統一的觀點構造的全局邏輯結構，是對數據庫中全部數據的邏輯結構和特徵的總體描述，是所有用戶的公共數據視圖（全局視圖）。它是由數據庫管理系統提供的數據模式描述語言（Data Description Language，簡稱DDL）來描述、定義的，體現了數據庫系統的整體觀。

內模式又稱存儲模式，對應於物理級。它是數據庫中全體數據的內部表示或底層描述，是數據庫最低一級的邏輯描述，它描述了數據在存儲介質上的存儲方式和物理結構，對應著實際存儲在外存儲介質上的數據庫。內模式由內模式描述語言來描述、定義，它是數據庫的存儲觀。

在一個數據庫系統中，只有唯一的數據庫，因而作為定義、描述數據庫存儲結構的內模式和定義、描述數據庫邏輯結構的模式也是唯一的，但建立在數據庫系統之上的應用則是非常廣泛、多樣的，所以對應的外模式不是唯一的，也不可能是唯

一的。

數據庫三級模式如圖 2-2 所示。

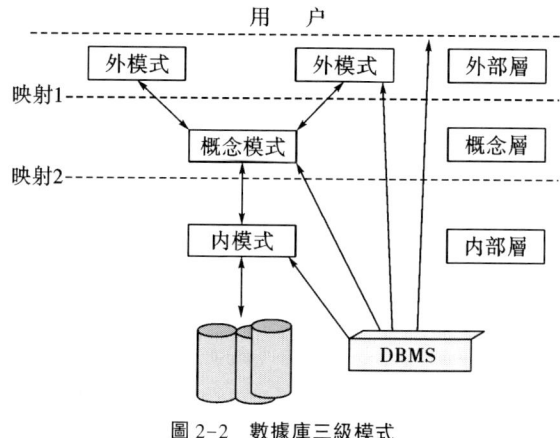

圖 2-2　數據庫三級模式

2.2　需求分析

需求分析是數據庫設計的起點，是為以后的具體設計做準備。簡單地說，需求分析就是分析用戶的需求。需求分析是設計數據庫的起點，其結果是否準確地反應了用戶的實際需求，將直接影響到后面各個階段的設計，並將影響到設計結果是否合理和實用。經驗證明，由於設計要求的不正確或誤解直到系統測試階段才發現許多錯誤，糾正起來要付出很大的代價，所以必須高度重視數據庫應用系統的需求分析。

2.2.1　需求分析任務

從數據庫設計的角度來看，需求分析的任務是對現實世界要處理的對象（組織、部門、企業等）進行詳細的調查，通過對原系統的瞭解，收集支持新系統的基礎數據，明確用戶的各種需求，對所收集的數據進行處理，確定新系統的功能。新系統要考慮今後可能的擴充和改變，不能僅僅滿足當前應用需求。

具體而言，需求分析階段的任務包括以下幾個方面：

1. 調查分析用戶的活動

調查分析用戶的活動是指通過對新系統運行目標的研究，對現行系統所存在的主要問題以及制約因素進行分析，明確用戶總的需求目標，確定這個目標的功能域和數據域。具體做法是：

（1）調查組織機構情況，包括該組織的部門組成情況、各部門的職責和任務等。

（2）調查各部門的業務活動情況，包括各部門輸入和輸出的數據與格式、所需的表格與卡片、加工處理這些數據的步驟、輸入和輸出的部門等。

2. 收集和分析需求

收集和分析需求是指在熟悉業務活動的基礎上，協助用戶明確對新系統的各種需求，包括用戶的信息需求、處理需求、安全性和完整性的需求。

（1）信息需求是指用戶需要從數據庫中獲取信息的內容和性質。由信息要求可以導出各種數據要求，即在數據庫中需要存儲哪些數據。

（2）處理需求是指用戶為了得到需求的信息而對數據進行加工處理的要求，包括對處理的回應時間、處理方式的要求。

（3）安全性和完整性要求是指在定義信息需求和處理需求的同時必須相應確定安全性和完整性約束。

3. 確定系統邊界

確定系統邊界是指在收集各種需求數據後，對前面調查的結果進行初步分析，確定新系統的邊界。例如確定哪些功能由計算機完成或將來準備讓計算機完成；哪些活動由人工完成。由計算機完成的功能就是新系統應該實現的功能。

4. 編寫需求規範說明書

需求分析階段的結果是編寫需求規範說明書。需求規範說明書是對需求分析階段的一個總結。編寫需求規範說明書是一個不斷反覆、逐步深入和逐步完善的過程。需求規範說明書應包括如下內容：

（1）系統概況，包括系統的目標、範圍、背景、歷史和現狀；

（2）系統的原理和技術，對原系統的改善；

（3）系統總體結構與子系統結構說明；

（4）系統功能說明；

（5）數據處理概要、工程體制和設計階段劃分；

（6）系統方案及技術、經濟、功能和操作的可行性。

另外，需求規範說明書還可提供下列附件：

（1）系統軟硬件支持環境的選擇及規格要求（所選擇的數據庫管理系統、操作系統、計算機型號及網絡環境）；

（2）組織機構圖、組織之間的聯繫圖和各機構功能業務一覽圖；

（3）數據流程圖、功能模塊圖和數據字典等。

如果用戶同意需求規範說明書的內容，雙方確認后，需求規範說明書就是雙方的權威性文獻，是今后各階段設計和工作的依據。

第二章 數據庫設計

2.2.2 需求分析方法

瞭解用戶的需求以後，就要對用戶的需求進行分析和表達。用於需求分析的方法有很多種，主要方法有自頂向下和自底向上兩種。其中，自頂向下的分析方法（Structured Analysis，簡稱 SA 方法）是最簡單實用的方法。SA 方法從最上層的系統組織機構入手，採用逐層分解的方式分析系統。使用 SA 方法，任何一個系統都可以抽象為圖 2-3 所示的數據流圖。

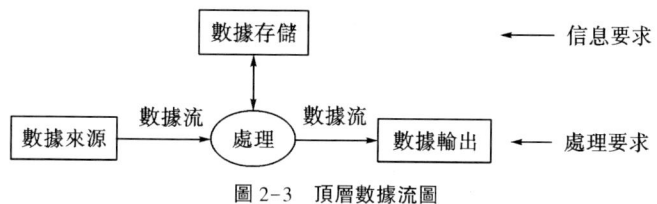

圖 2-3 頂層數據流圖

在 SA 方法中，用數據流圖（Data Flow Diagram，簡稱 DFD）和數據字典（Data Dictionary，簡稱 DD）來描述系統。數據流圖表達了數據和處理的關係，處理過程的邏輯通常借助判定表和判定樹來描述。系統中的數據則借助數據字典來描述。

1. 數據流圖

數據流圖是結構化分析方法中使用的工具，它以圖形的方式描繪數據在系統中流動和處理的過程。數據流圖從數據傳遞和加工的角度，以圖形的方式刻畫數據流從輸入到輸出的移動變換過程。

數據流圖中有以下幾種主要元素：

→：數據流。數據流是數據在系統內傳播的路徑，因此由一組成分固定的數據組成。如訂票單由旅客姓名、年齡、單位、身分證號、日期、目的地等數據項組成。由於數據流是流動中的數據，所以必須有流向，除了與數據存儲之間的數據流不用命名外，數據流應該用名詞或名詞短語命名。

□：數據源（終點）。代表系統之外的實體，可以是人、物或其他軟件系統。

○：對數據的加工（處理）。加工是對數據進行處理的單元，它接收一定的數據輸入，對其進行處理，並產生輸出。

≡：數據存儲。表示信息的靜態存儲，可以代表文件、文件的一部分、數據庫的元素等。

一個簡單的系統可用一張數據流圖來表示，但當系統比較複雜時，為了便於理解、控制其複雜性，可以採用分層描述的方法。根據層級，數據流圖分為頂層數據流圖、中層數據流圖和底層數據流圖。除頂層數據流圖外，其他數據流圖從零開始編號。

頂層數據流圖只含有一個加工，表示整個系統；輸出數據流和輸入數據流為系

統的輸入數據和輸出數據，表明系統的範圍以及與外部環境的數據交換關係。

中層數據流圖是對父層數據流圖中某個加工進行細化，而它的某個加工也可以再次細化，形成子圖；中間層次的多少，一般視系統的複雜程度而定。

底層數據流圖是指其加工不能再分解的數據流圖，其加工稱為「原子加工」。

2. 數據字典

數據字典是對系統中數據的詳細描述，是各類數據結構和屬性的清單。它與數據流圖互為註釋。數據字典貫穿於數據庫需求分析直到數據庫運行的全過程，在不同的階段其內容和用途是不同的。在需求分析階段，它通常包含以下五個部分：

（1）數據項。數據項是指數據流圖中數據塊的數據結構中的數據項說明，是不可再分的數據單位。對數據項的描述通常包括以下內容：

數據項描述＝{數據項名，數據項含義說明，別名，數據類型，長度，取值範圍，取值含義，與其他數據項的邏輯關係}

其中，「取值範圍」、「與其他數據項的邏輯關係」定義了數據的完整性約束條件，是設計數據檢驗功能的依據。若干個數據項可以組成一個數據結構。

（2）數據結構。數據結構是指數據流圖中數據塊的數據結構說明，反應了數據之間的組合關係。一個數據結構可以由若干個數據項組成，也可以由若干個數據結構組成，或由若干個數據項和數據結構混合組成。對數據結構的描述通常包括以下內容：

數據結構描述＝{數據結構名，含義說明，組成：{數據項或數據結構}}

（3）數據流。數據流是指數據流圖中流線的說明，是數據結構在系統內傳輸的路徑。對數據流的描述通常包括以下內容：

數據流描述＝{數據流名，說明，數據流來源，數據流去向，組成：{數據結構}，平均流量，高峰期流量}

其中，「數據流來源」是說明該數據流來自哪個過程，即數據的來源。「數據流去向」是說明該數據流將到哪個過程去，即數據的去向。「平均流量」是指在單位時間（每天、每週、每月等）裡的傳輸次數。「高峰期流量」是指在高峰時期的數據流量。

（4）數據存儲。數據存儲是指數據流圖中數據塊的存儲特性說明，是數據結構停留或保存的地方，也是數據流的來源和去向之一。對數據存儲的描述通常包括以下內容：

數據存儲描述＝{數據存儲名，說明，編號，流入的數據流，流出的數據流，組成：{數據結構}，數據量，存取方式}

其中，「數據量」是指每次存取多少數據，每天（或每小時、每週等）存取幾次等信息。「存取方法」包括是批處理還是聯機處理，是檢索還是更新，是順序檢索還是隨機檢索等。

另外，「流入的數據流」要指出其來源，「流出的數據流」要指出其去向。

（5）處理過程。處理過程是指數據流圖中功能塊的說明。數據字典中只需要描述處理過程的說明性信息，通常包括以下內容：

處理過程描述＝｛處理過程名，說明，輸入：｛數據流｝，輸出：｛數據流｝，處理：｛簡要說明｝｝

其中，「簡要說明」主要是指說明該處理過程的功能及處理要求。功能是指該處理過程用來做什麼（而不是怎麼做）；處理要求包括處理頻度要求，如單位時間裡處理多少事務、多少數據量、回應時間要求等，這些處理要求是后面物理設計的輸入及性能評價的標準。

2.3　概念結構設計

概念結構設計的任務是在需求分析階段產生的需求規範說明書的基礎上，按照特定的方法把它們抽象為一個不依賴於任何具體機器的數據模型，即概念模型。概念模型使設計者的注意力能夠從複雜的實現細節中解脫出來，而只集中在最重要的信息的組織結構和處理模式上。概念模型主要在系統開發的數據庫設計階段使用，是按照用戶的觀點來對數據和信息進行建模，利用實體關係圖來實現。它描述系統中的各個實體以及相關實體之間的關係，是系統特性和靜態描述。

2.3.1　概念模型

為了把現實世界中的具體事物抽象、組織為某一數據庫管理系統支持的數據模型，人們常常先將現實世界抽象為信息世界，然后將信息世界轉換為機器世界。也就是說，首先把現實世界中的客觀對象抽象為某一種信息結構，這種信息結構並不依賴於具體的計算機系統，不是某一個數據庫管理系統（DBMS）支持的數據模型，而是概念級的模型，稱為概念模型。

概念模型是面向用戶、面向現實世界的數據模型，是與 DBMS 無關的。它主要用來描述一個單位的概念化結構。採用概念模型，數據庫設計人員可以在設計的開始階段，把主要精力用於瞭解和描述現實世界上，而把涉及 DBMS 的一些技術性的問題推遲到設計階段去考慮。

由於概念模型是用於信息世界的建模型，是現實世界到信息世界的第一層抽象，是用戶與數據庫設計人員之間進行交流的語言，因此概念模型一方面應該具有較強的語義表達能力，能夠方便、直接地表達應用中的各種語義知識，另一方面它還應該簡單、清晰、易於用戶理解。

概念模型不依賴於具體的計算機系統，它純粹反應信息需求的概念結構。建模是在需求分析結果的基礎上展開的，常常要對數據進行抽象處理。人們提出了許多概念模型，其中 E-R 方法是設計概念模型時常用的方法，它將顯示世界的信息結構統一用屬性、實體以及實體間的聯繫來描述。

2.3.2 概念結構設計方法

設計概念結構的 E-R 圖通常有四種方法。

(1) 自頂向下。首先定義全局概念模式的框架，然后逐步細化，如圖 2-4 所示。

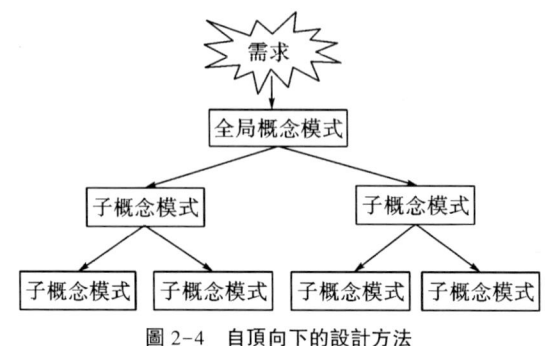

圖 2-4　自頂向下的設計方法

(2) 自底向上。首先定義各局部應用的子概念模式，然后將它們集成起來，得到全局概念模式，如圖 2-5 所示。

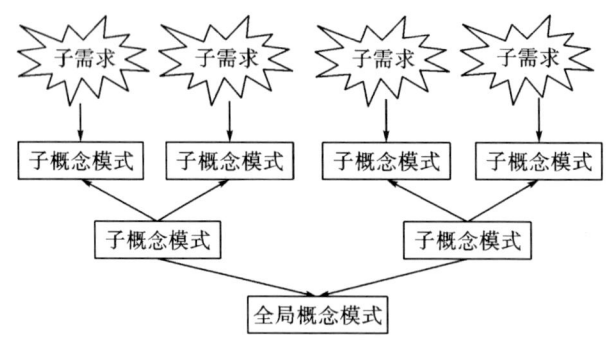

圖 2-5　自底向上的設計方法

(3) 逐步擴張。首先定義最重要的核心概念模式，然后向外擴充，以滾雪球的方式逐步生成其他概念模式，直至總體概念模式，如圖 2-6 所示。

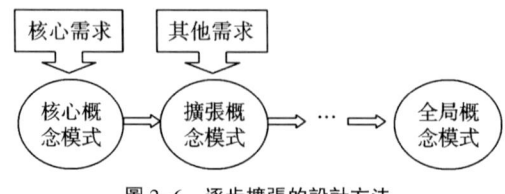

圖 2-6　逐步擴張的設計方法

第二章　數據庫設計

（4）混合策略。將自頂向下和自底向上相結合，用自頂向下策略設計一個全局概念模式的框架，以它為骨架集成由自底向上策略所設計的各局部概念模式。

其中最常用的方法是自底向上，即自頂向下地進行需求分析，再自底向上地設計概念模式。

2.3.3　概念結構設計步驟

自底向上的概念結構設計步驟分為兩步：①進行數據抽象，設計局部 E-R 圖；②集成局部視圖，得到全局 E-R 圖。

1. 數據抽象

概念結構是對現實世界的一種抽象。所謂抽象就是從實際的人、物、事和概念中抽取所關心的共同特徵，忽略非本質的細節，並把這些特徵用各種精確的概念加以描述。這些概念就組成了某種模型。數據抽象常用方法有三種：

（1）分類。定義某一類概念作為現實世界中一組對象的類型，將一組具有某些共同特徵和行為的對象抽象為一個實體，對象和實體之間是「is member of」的關係。在 E-R 模型中，實體型就是這種抽象。

（2）聚集。定義某一類型的組成部分，它抽象了對象內部類型和成分之間「is part of」的語義。在 E-R 模型中，若干屬性的聚集組成了實體型，就是這種抽象。

（3）概括。定義類型之間的一種子集聯繫，它抽象了類型之間的「is subset of」的語義。概括有一個很重要的性質，即繼承性。子類繼承父類上定義的所有抽象。

2. 局部 E-R 圖設計

選擇好一個局部應用之後，就要對每個局部應用逐一設計分 E-R 圖，也稱為局部 E-R 圖。

E-R 圖也稱實體—聯繫圖（Entity Relationship Diagram），提供了表示實體類型、屬性和聯繫的方法，用來描述現實世界的概念模型，是表示概念模型的一種方式。

構成 E-R 圖的基本要素是實體型、屬性和聯繫，其表示方法為：

· 實體型（Entity）：具有相同屬性的實體具有相同的特徵和性質，用實體名及其屬性名集合來抽象和刻畫同類實體；在 E-R 圖中用矩形表示，矩形框內寫明實體名，比如學生張三豐、學生李尋歡都是實體。如果是弱實體的話，在矩形外面再套實線矩形。

· 屬性（Attribute）：實體所具有的某一特性，一個實體可由若干個屬性來刻畫。在 E-R 圖中用橢圓形表示，並用無向邊將其與相應的實體連接起來，比如學生的姓名、學號、性別、都是屬性。如果是多值屬性的話，在橢圓形外面再套實線橢圓；如果是派生屬性則用虛線橢圓表示。

· 聯繫（Relationship）：聯繫也稱關係，在信息世界中反應實體內部或實體之間的聯繫。實體內部的聯繫通常是指組成實體的各屬性之間的聯繫；實體之間的聯

繫通常是指不同實體集之間的聯繫。在 E-R 圖中用菱形表示，菱形框內寫明聯繫名，並用無向邊分別與有關實體連接起來，同時在無向邊旁標上聯繫的類型（1：1，1：n 或 m：n）。比如老師給學生授課存在授課關係，學生選課存在選課關係。如果是弱實體的聯繫則在菱形外面再套菱形。聯繫可分為以下三種類型：

①一對一聯繫（1：1）

例如，一個部門有一個經理，而每個經理只在一個部門任職，則部門與經理的聯繫是一對一的。如圖 2-7（a）所示。

②一對多聯繫（1：n）

例如，公司與職員的關係。一個公司可以擁有多個職員，但每個職員只能受雇與一個公司。如圖 2-7（b）所示。

③多對多聯繫（m：n）

例如，某校教師與課程之間存在多對多的聯繫「教」，即每位教師可以教多門課程，每門課程也可以由多位教師來教。如圖 2-7（c）所示。

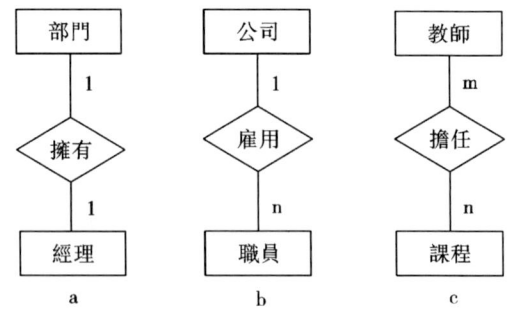

圖 2-7　聯繫的三種類型

實際上實體和屬性是相對而言的，往往要根據實際情況進行必要的調整，在調整時要遵守兩條原則：

（1）屬性不能再具有需要描述的性質，即屬性必須是不可分的數據項，不能再由另一些屬性組成。

（2）屬性不能與其他實體具有聯繫，聯繫只發生在實體之間。

符合上述兩條特性的事物一般作為屬性對待。為了簡化 E-R 圖的處置，現實世界中的事物凡能夠作為屬性對待的，應盡量作為屬性。

3. 全局 E-R 圖設計

所有的局部 E-R 圖建立好後，還需要對它們進行合併，集成為一個整體的概念模型即全局 E-R 圖，也就是視圖的集成。視圖的集成有一次性集成法和逐步累積式集成法兩種。

一次性集成法是一次集成多個局部 E-R 圖，通常用於局部視圖比較簡單時。如圖 2-8 所示。

第二章　數據庫設計

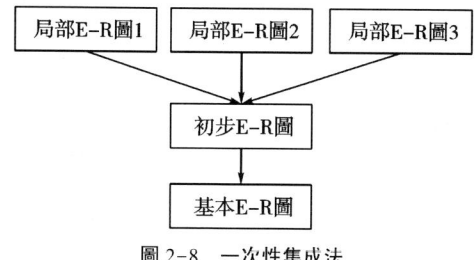

圖 2-8　一次性集成法

逐步累積式繼承法是首先集成兩個局部視圖（通常是比較關鍵的兩個局部視圖），以後每次將一個新的局部視圖集成進來。如圖 2-9 所示。

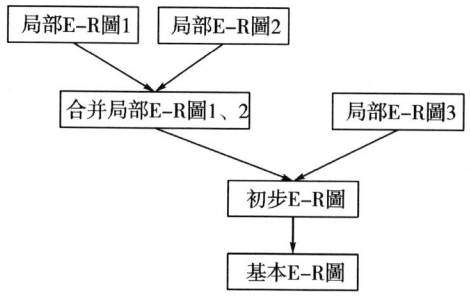

圖 2-9　逐步累積式集成法

不管用哪種方法，集成局部 E-R 圖都分為兩個步驟：
（1）合併。解決各個局部 E-R 圖之間的衝突，將各個局部 E-R 圖合併起來生成初步 E-R 圖。
（2）修改與重構。消除不必要的冗餘，生成基本 E-R 圖。
本書案例經過優化后的 E-R 圖如圖 2-10 所示。

2.4　邏輯結構設計

邏輯結構設計階段的任務是將概念結構設計階段所得到的概念模型轉換為具體 DBMS 所能支持的數據模型（即邏輯結構），並對其進行優化。
一般的邏輯結構設計分為三個步驟：
（1）將概念模型轉化為一般的關係、網狀、層次模型；
（2）將轉化來的關係、網狀、層次模型向特定 DBMS 支持下的數據模型轉換；
（3）優化其數據模型。

數據庫管理與應用

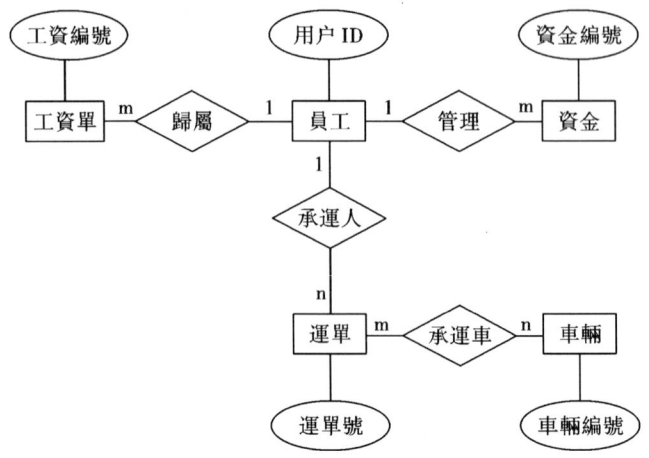

圖 2-10　嘉興運輸有限公司總體 E-R 圖

2.4.1　E-R 圖向關係模式的轉換

概念結構設計中得到的 E-R 圖是由實體、屬性和聯繫組成的，而關係數據庫邏輯設計的結果是一組關係模式的集合，所以將 E-R 圖轉換為關係模型實際上是將實體、屬性和聯繫轉換為關係模式。在轉換過程中要遵守以下原則：

1. 實體類型轉換

每個實體類型轉換成一個關係模式，實體屬性即為關係模式的屬性，實體標示符即為關係模式的鍵。

2. 二元聯繫類型轉換

1∶1 聯繫：聯繫兩端的實體類型轉成兩個關係模式，在任一個關係模式中加入另一個關係模式的鍵（作為外鍵）和聯繫的屬性。

1∶n 聯繫：在 n 端實體類型轉換成的關係模式中，加入 1 端實體類型的鍵（作為外鍵）和聯繫的屬性。

m∶n 聯繫：聯繫類型需轉換為關係模式，屬性為兩端實體類型的鍵（分別作為外鍵）加上聯繫的屬性，而鍵為兩端實體鍵的組合（特殊情況下，需要擴展）。

3. 三元聯繫

1∶1∶1：轉換成的三個關係模式中，在任一個關係模式中加入另兩個關係模式的鍵（作為外鍵）和聯繫的屬性。

1∶1∶n：在 n 端實體類型轉換成的關係模式中，加入兩個 1 端實體類型的鍵（作為外鍵）和聯繫的屬性。

1∶m∶n：聯繫類型需轉換為關係模式，屬性為 m 端和 n 端實體類型的鍵（分別作為外鍵）加上聯繫的屬性，而鍵為 m 端和 n 端實體鍵的組合（特殊情況下，需

要擴展）。

m：n：p：聯繫類型需轉換為關係模式，屬性為三端實體類型的鍵（分別作為外鍵）加上聯繫的屬性，而鍵為三端實體鍵的組合（特殊情況下，需要擴展）。

根據以上規則，本書案例的 E-R 圖轉換為關係模式如下：

員工（用戶 ID、姓名、性別、出生年月日、入職時間、職位）

工資（工資編號、用戶 ID、基本工資、社保、公積金、獎金、個人所得稅、扣發、工資生成時間）

資金（資金編號、用戶 ID、收入項、收入數、支出項、支出數、資金發生時間）

車輛（車輛編號、載重量、運費單價）

運輸（運單號、發車時間、發車地點、收車時間、收車地點）

車輛—運輸（運單號、車輛編號、用戶 ID（司機 ID））

用戶（用戶 ID、密碼、權限）

2.4.2 關係模式的規範化

關係模式設計的好壞直接影響到數據庫設計的成敗，將關係模式規範化，是設計較好的關係模式的唯一途徑。方法如下：

（1）確定數據依賴。關係模式中的各屬性之間相互依賴、相互制約的聯繫稱為數據依賴。數據依賴是通過一個關係中屬性值的相等與否體現出來的數據間的相互關係，是現實世界屬性間相互聯繫的抽象，是數據內在的性質和語義的體現。數據依賴分為函數依賴、多值依賴和連結依賴三種。其中函數依賴是最重要的依賴。

（2）對於各個關係模式的數據依賴進行極小化處理，消除冗余的聯繫。

（3）根據數據依賴理論對關係模式進行逐一分析，確定各關係模式分別屬於第幾範式。滿足一定條件的關係模式成為範式，關係數據庫中的關係必須滿足一定的要求，滿足不同程度要求的為不同範式。將一個低一級範式的關係模式，通過模式分解轉換為若干個高一級範式的關係模式是關係模式的規範化中非常重要的一步。

（4）對關係模式進行必要的分解或合併，以提高數據操作的效率和存儲空間的利用率。

2.4.3 關係模式的改進

在數據庫設計的過程中，如果因為系統前期的需求分析、概念結構設計的疏忽導致某些應用不能支持，則應該增加新的關係模式或屬性。如果因為性能考慮而要求改進，則可使用合併或分解。

（1）分解

為了提高數據操作的效率和存儲空間的利用率，常用的方法就是分解，對關係

模式的分解一般分為水平分解和垂直分解的方法。

水平分解是指把關係的元組分為若干子集合，定義每個子集合為一個子關係，以提高系統的效率。

垂直分解是指把關係模式 R 的屬性分為若干子集合，形成若干子關係模式。垂直分解的原則：經常在一起使用的屬性從 R 中分解出來形成一個子關係模式，優點是可以提高某些事務的效率；缺點是可能使另一些事務不得不執行連接操作，從而降低了效率。

(2) 合併

具有相同主鍵的關係模式，且對這些關係模式的處理主要是查詢操作，而且經常是多關係的查詢，那麼可針對這些關係模式按照組合頻率進行合併。這樣可以減少連接操作而提高查詢速度。

必須強調的是，在進行模式的改進時，決不能修改數據庫信息方面的內容，如不修改信息內容就無法改進數據模式的性能，則必須重新進行概念設計。

2.5　物理結構設計

數據庫物理設計是指設計數據庫的物理結構，根據數據庫的邏輯結構來選定 RDBMS（如 Oracle、Sybase 等），並設計和實施數據庫的存儲結構、存取方式等。物理結構依賴於給定的 DBMS 和和硬件系統，因此設計人員必須充分瞭解所用 RDBMS 的內部特徵、存儲結構、存取方法。

2.5.1　物理結構設計內容

數據庫的物理結構設計包含下面四方面的內容：

(1) 確定數據的存儲結構。它是指根據邏輯結構的指標以及 DBMS 支持的數據類型所確定的數據項的存儲類型和長度以及元組的存儲結構等。即數據文件及其數據項在介質上的具體存儲結構。

(2) 確定數據的存取方法。它是指用戶存取數據庫的方法和技術。

(3) 確定數據的存放位置。它是指數據庫文件和索引文件等在介質上的具體存儲位置。

(4) 確定系統配置。DBMS 產品一般都提供了一些系統配置變量、存儲分配參數，供設計人員和 DBA 對數據庫進行物理優化。初始情況下，系統為這些變量賦予了合理的默認值。但是這些值不一定適合每一種應用環境，在進行物理設計時，需要重新對這些變量賦值，以改善系統的性能。

數據庫物理設計過程中需要對時間效率、空間效率、維護代價和各種用戶要求

第二章　數據庫設計

進行權衡，選擇一個優化方案作為數據庫物理結構。在數據庫物理設計中，最有效的方式是集中存儲和檢索對象。

嘉興有限運輸公司物理存儲結構如表 2-2、表 2-3、表 2-4、表 2-5、表 2-6、表 2-7 所示。

表 2-2　　　　　　　　　　　　員工基本信息表

表名稱：	user_info		含義：		員工基本信息	
字段名稱	字段類型	字段長度	是否主鍵	是否為空	字段含義	字段說明
uid	char(4)	4	是	否	用戶ID	
name	varchar(20)	輸入字符長度，最多不超過20		是	姓名	
sex	char(2)	2		是	性別	男女
birthday	date	3		是	出生年月日	
entrydate	date	3		是	入職時間	
job	varchar(10)	輸入字符長度，最多不超過10		是	職位	

表 2-3　　　　　　　　　　　　員工工資表

表名稱：	pay_info		含義：		員工工資基本信息	
字段名稱	字段類型	字段長度	是否主鍵	是否為空	字段含義	字段說明
pid	char(8)	8	是	否	工資編號	自增
uid	varchar(10)	輸入字符長度，最多不超過10		否	用戶ID	外鍵
salary	smallmoney	4		否	基本工資	
security	smallmoney	4		否	社保	
pub_funds	smallmoney	4		否	公積金	
bonus	smallmoney	4		是	獎金	
tax	smallmoney	4		是	個人所得稅	
deduction	smallmoney	4		是	扣發	
paydate	smalldatetime	4		否	工資生成時間	

表 2-4　　　　　　　　　　　　　資金表

表名稱：	asset_info		含義：		公司資金基本信息	
字段名稱	字段類型	字段長度	是否主鍵	是否為空	字段含義	字段說明
asid	char(8)	8	是	否	資金編號	自增
uid	varchar(10)	輸入字符長度，最多不超過10		否	用戶ID	外鍵
payout	varchar(20)	輸入字符長度，最多不超過20		是	支出項	字段值為「員工工資」或「車輛維修」或「燃油費」等
payoutnum	smallmoney	4		是	支出數	
income	varchar(20)	輸入字符長度，最多不超過20		是	收入項	字段值為「運輸費」或「車輛轉讓費」等
incomenum	smallmoney	4		是	收入數	
assetdate	smalldatetime	4		否	資金發生時間	

表 2-5　　　　　　　　　　　車輛基本信息表

表名稱：	car_info		含義：		車輛基本信息	
字段名稱	字段類型	字段長度	是否主鍵	是否為空	字段含義	字段說明
cid	char(4)	4	是	否	車輛編號	
load	int	4		否	載重量	
price	smallmoney	4		否	運費單價	

表 2-6　　　　　　　　　　　運輸基本信息表

表名稱：	tran_info		含義：		運輸基本信息	
字段名稱	字段類型	字段長度	是否主鍵	是否為空	字段含義	字段說明
tid	char(8)	8	是	否	運單號	自增
startdate	smalldatetime	4		否	發車時間	外鍵
startloc	varchar(20)	輸入字符長度，最多不超過20		否	發車地點	
stopdate	smalldatetime	4		否	收車時間	

第二章 數據庫設計

表2-6(續)

表名稱：	tran_info		含義：		運輸基本信息	
字段名稱	字段類型	字段長度	是否主鍵	是否為空	字段含義	字段說明
stoploc	varchar(20)	輸入字符長度，最多不超過20		否	收車地點	
cid	char(4)	4		否	承運車輛編號	外鍵
uid	char(4)	4		否	用戶ID	外鍵、為運單完成人

表 2-7　　　　　　　　　車輛運輸信息表

表名稱：	cartran		含義：		車輛運輸基本信息	
字段名稱	字段類型	字段長度	是否主鍵	是否為空	字段含義	字段說明
tid	char(8)	8	是	否	運單號	
cid	char(4)	4	是	否	車輛編號	
uid	char(4)	4		否	用戶ID	司機

2.5.2　關係模式存取

　　數據庫系統是多用戶共享的系統，對同一個關係要建立多條存取路徑才能滿足不同用戶的不用應用要求。物理設計的任務之一就是要確定選擇哪種存取方法，即建立哪些存取路徑。常用的存取方法有三類。第一類是索引方法，目前主要是B+樹索引方法；第二類是聚簇方法；第三類是Hash方法。其中B+樹索引方法是使用最多的存取方法。

　　1. 索引存取方法

　　索引存取方法的主要內容包括：對哪些屬性列建立索引、對哪些屬性列建立組合索引及對哪些索引要設計為唯一索引。當然索引並不是越多越好，關係上定義的索引數過多會帶來較多的額外開銷，如維護索引的開銷、查找索引的開銷。

　　2. 聚簇存取方法

　　為了提供某個屬性（或屬性組）的查詢速度，把這個或這些屬性（稱為聚簇碼）上具有相同值的元組存放在連續的物理塊成為聚簇。聚簇可以大大提高按聚簇碼進行查詢的效率，還可以節省存儲空間，聚簇以後，聚簇碼相同的元組集中在一起了，因而聚簇碼值不必在每個元組中重複存儲，只要在一組中存一次就夠了。

　　3. Hash存取方法

　　當一個關係滿足下列兩個條件時，可以選擇Hash存取方法：

27

（1）該關係的屬性主要出現在等值連接條件中或主要出現在相等比較選擇條件中；

（2）該關係的大小可以預知且關係的大小不變，或該關係的大小動態改變但所選用的 DBMS 提供了動態 Hash 存取方法。

2.5.3 評價物理結構

數據庫物理結構設計有很多種，需要通過評價，選擇最佳的物理結構。評價物理結構包括評價內容、評價指標和評價方法。

評價內容包括存取方法選取的正確性、存儲結構設計的合理性、文件存放位置的規範性、存儲介質選取的標準性。

評價指標包括存儲空間的利用率、存取數據的速度和維護費用等。

評價方法是根據物理結構的評價內容，統計存儲空間的利用率、數據的存取速度和維護費用指標。

2.6 數據庫實施

完成數據庫的邏輯設計和物理設計之後，設計人員就要用 RDBMS 提供的數據定義語言和其他程序將數據庫邏輯設計和物理設計的結果嚴格描述出來，成為 DBMS 可以接受的源代碼，再經過調試產生目標模式，然后就可以組織數據入庫，編製和調試應用程序，對數據庫進行試運行。

2.6.1 數據庫實施

數據庫實施階段包括兩項重要的工作，一項是數據載入，另一項是編製與調試應用程序。

1. 數據載入

數據載入可以用人工方法和計算機輔助數據入庫兩種。

（1）人工方法適用於小型系統。首先將需要裝入數據庫中的數據篩選出來，這些數據的格式往往不符合數據庫的要求，還需要進行轉換，這種轉換有時可能很複雜。將轉換好的數據輸入計算機中，檢查輸入的數據是否有誤。

（2）計算機輔助方法適用於大中型系統。由數據錄入人員通過數據輸入子系統將原始數據直接輸入計算機中，數據輸入子系統採用多種檢驗技術檢查輸入數據的正確性；數據輸入子系統根據數據庫系統的要求，從錄入的數據中抽取有用成分，對其進行分類，然后轉換數據格式。抽取、分類和轉換數據是數據輸入子系統的主要工作，也是數據輸入子系統的複雜性所在。最后數據輸入子系統對轉換好的數據

第二章 數據庫設計

根據系統的要求進一步綜合成最終數據。

2. 編製與調試應用程序

數據庫應用程序的設計應該與數據庫設計同時進行，因此在組織數據入庫的同時還要調試應用程序。調試應用程序時由於數據入庫尚未完成，可以先使用模擬數據。

2.6.2 數據庫試運行

應用程序調試完成，並且已有一小部分數據入庫後，就可以開始數據庫的試運行。數據庫試運行也稱為聯合調試，其主要工作包括：

（1）功能測試：實際運行應用程序，執行對數據庫的各種操作，測試應用程序的各種功能。

（2）性能測試：測量系統的性能指標，分析是否符合設計目標。

數據庫物理設計階段對數據庫結構估算時間、空間指標進行了評價，但數據庫試運行則是要實際測量系統的各種性能指標（不僅是時間、空間指標），如果結果不符合設計目標，則需要返回物理設計階段，調整物理結構，修改參數；有時甚至需要返回邏輯設計階段，調整邏輯結構。

重新設計物理結構甚至邏輯結構，會導致數據重新入庫。由於數據入庫工作量實在太大，所以可以採用分期輸入數據的方法，先輸入小批量數據供先期聯合調試使用，待試運行基本合格后再輸入大批量數據，逐步增加數據量，逐步完成運行評價。

在數據庫試運行階段，系統還不穩定，硬件、軟件故障隨時都可能發生，系統的操作人員對新系統還不熟悉，誤操作也不可避免。因此必須做好數據庫的備份和恢復工作，盡量減少對數據庫的破壞。

2.6.3 數據庫的維護

數據庫試運行合格后，數據庫系統就可以真正投入運行了。數據庫投入運行標誌著開發任務的完成和維護工作的開始。對數據庫設計進行評價、調整、修改等維護工作是一個長期的任務，主要由 DBA 完成。在數據庫運行階段，數據庫維護主要包括四個方面的內容：

1. 數據庫的備份和恢復

數據庫的備份和恢復是數據庫系統正式運行后最重要的工作之一。DBA 要針對不同的應用要求制定不同的備份計劃，以保證當數據庫發生故障后能盡快將數據庫恢復到某種一致的狀態，並盡可能減少對數據庫的破壞。

2. 數據庫的安全性、完整性控制

在數據庫運行過程中，DBA 要根據用戶的實際需求授予不同的操作權限，由於

應用環境的變化，對安全性的要求也會發生變化，DBA 需要根據實際情況修改原有的安全性控製。由於應用環境的變化，數據庫的完整性約束條件也會變化，也需要 DBA 不斷修正，以滿足用戶需求。

3. 數據庫的監督、分析和改造

在數據庫運行過程中，DBA 要監督系統運行，對監測數據進行分析，改進系統的性能。目前有些 DBMS 產品提供了監測系統性能參數的工具，DBA 可以利用這些工具方便的得到系統運行過程中一系列性能參數的值。DBA 應仔細分析這些數據，判斷當前系統運行情況是否良好，應當做哪些改進。

4. 數據庫的重組織和重構造

數據庫運行一段時間后，由於數據不斷增加、刪除、修改，會使數據庫的物理存儲變壞，降低數據的存取效率，從而導致數據庫性能下降。因此要對數據庫進行重組織或部分重組織，例如重新安排數據的存儲位置、回收垃圾、減少指針連等，改進數據庫的回應時間和空間利用率，提高系統性能。

由於數據庫應用環境發生了變化，增加了新的應用和實體，取消了某些舊的應用，有的實體和實體之間的聯繫也發生了變化等，使原有的數據庫設計不能滿足新的需求，需要調整數據庫的模式和內模式。例如在表中增加或刪除某些數據項、改變數據項的類型、增加或刪除某張表等。當然數據庫的重構也是有限的，只是做部分修改。如果應用變化太大，重構也無濟於事，說明此數據庫應用系統的生命週期已經結束，需要設計新的數據庫應用系統了。

數據庫的重組織並不改變原數據庫設計的邏輯結構和物理結構，但數據庫的重構造則不同，它是指部分修改數據庫的模式和內模式。

第三章　數據庫操作

本章主要介紹對數據庫的操作和管理，用戶根據需求，需要對數據庫進行增加、刪除、修改和查詢等各種各樣的操作任務，實現對數據庫的管理和使用。用戶可以以手動的方式在 SQL Server 2008 的管理操作平臺 Microsoft SQL Server 2008 Management Studio 上進行操作，也可以使用 SQL 的命令語言進行操作和管理。本章以第二章數據庫設計的案例為基礎，以手動操作和命令方式分別介紹對數據庫、表和數據的管理操作。

3.1　數據庫操作概述

數據庫操作主要介紹對數據庫的添加、刪除和修改操作，以及對數據庫文件和日誌文件的操作，包括手動方式和命令方式。

單擊【開始】菜單，依次執行【所有程序】→【Microsoft SQL Server 2008 R2】→【SQL Server Management Studio】命令，打開數據庫管理系統，如圖 3-1 所示。

服務器類型：其中服務器類型主要包括數據庫引擎、Analysis Services、Integration Services、SQL Server Mobile 和 Reporting Services 等數據庫服務選項，其中【數據庫引擎】是默認主要選項。

服務器名稱：這裡是本機的計算機名。

身分驗證：身分驗證主要包括 Windows 身分驗證和 SQL Server 身分驗證，這裡使用【SQL Server 身分驗證】進行登錄，輸入用戶名和密碼。

單擊【連接】按鈕，連接成功后進入到 SQL Server Management Studio，如圖 3-2 所示。

數據庫管理與應用

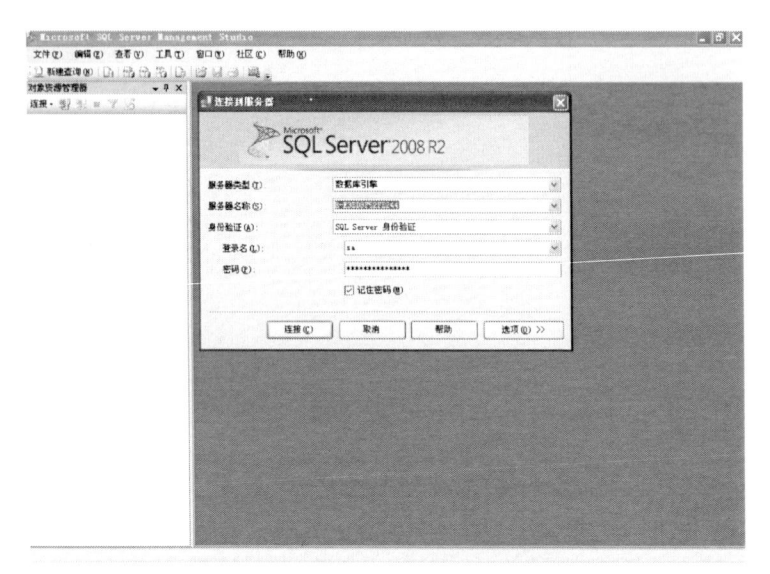

圖 3-1　SQL Server Management Studio 登錄

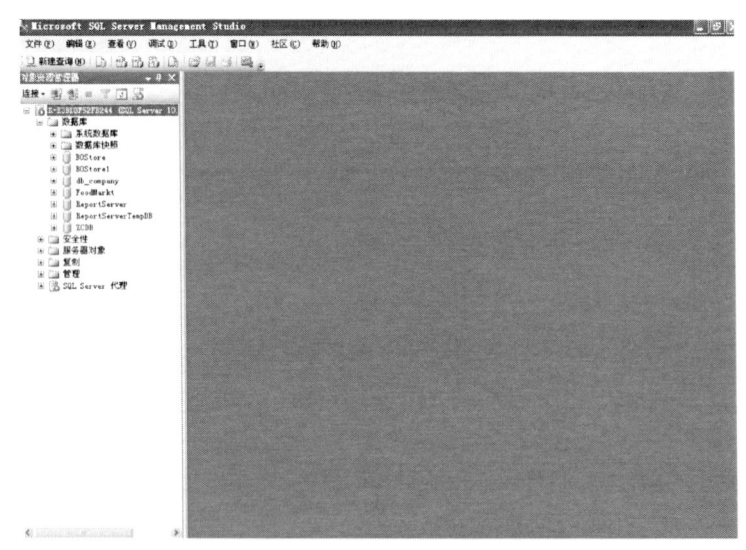

圖 3-2　SQL Server Management Studio 登錄成功

3.1.1　創建數據庫

（1）手動創建數據庫。以第二章數據庫設計內容為案例，設計數據庫名字為db_company。依次執行【對象資源管理器】→【數據庫】→點擊右鍵→【新建數據

第三章　數據庫操作

庫】命令，打開新建數據庫面板，如圖 3-3 所示。在【數據庫名稱】中輸入數據庫名字 db_company，【所有者】為「默認值」，自動生成數據庫文件邏輯名稱為 db_company，日誌文件邏輯名稱為 db_company_log。其中，數據庫文件初始大小為 3MB，增量為 1MB，不限制增長，保存路徑為默認路徑值 C：\Program Files\Microsoft SQL Servershili\MSSQL1050.MSSQLSERVER\MSSQL\DATA；日誌文件初始大小為 1MB，增量為 10%，不限制增長。單擊【確定】按鈕，完成數據庫新建任務，新建數據庫如圖 3-4 所示。

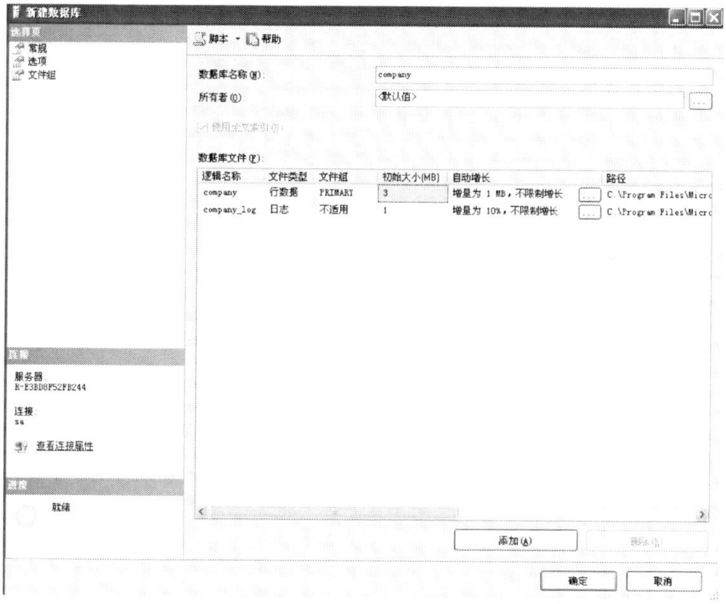

圖 3-3　新建數據庫

（2）SQL 命令方式創建數據庫。

創建數據庫基本命令為：create database name

create database 數據庫名
on
(
name＝數據庫文件名，
filename＝數據庫文件存儲路徑，
size＝數據庫文件初始大小，
maxsize＝數據庫文件最大大小，
filegrowth＝數據庫文件增長方式
)

數據庫管理與應用

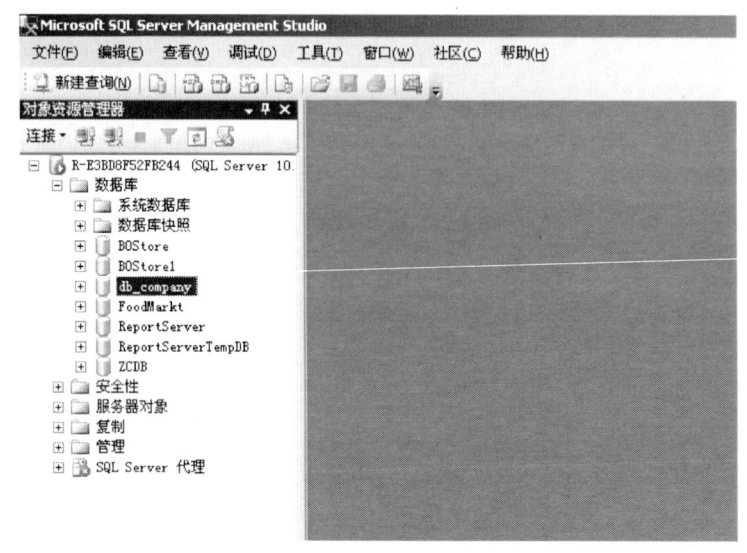

圖 3-4　新建數據庫成功

log on

(

name＝日誌文件名,

filename＝日誌文件存儲路徑,

size＝日誌文件初始大小,

maxsize＝日誌文件最大大小,

filegrowth＝日誌文件增長方式

)

例 1　創建數據庫名為 db_company, 數據庫文件名為 db_company. mdf, 路徑為 C: \ Program Files \ Microsoft SQL Servershili \ MSSQL10 _ 50. MSSQLSERVER \ MSSQL \ DATA, 初始大小為 10MB, 最大大小為 50MB, 增長方式為 5%; 日誌文件名為 db _ company. ldf, 路徑為 C: \ Program Files \ Microsoft SQL Servershili \ MSSQL10_50. MSSQLSERVER \ MSSQL \ DATA, 初始大小為 2MB, 最大大小為 100MB, 增長方式為 1MB。

單擊【SQL Server Management Studio】管理工具的【新建查詢】選項, 在命令窗口輸入如下命令, 單擊【執行】按鈕, 命令執行成功, 在【消息】窗口顯示命令已成功執行, 數據庫創建成功, 如圖 3-5 所示。

create database db_company

on

(

第三章　數據庫操作

name = db_company,

filename = ' C：\ Program Files \ Microsoft SQL Servershili \ MSSQL10 _ 50. MSSQLSERVER\MSSQL\DATA\dbcompany.mdf ',

size = 10MB,

maxsize = 50MB,

filegrowth = 5%

)

log on

(

name = db_company_log,

filename = ' C：\ Program Files \ Microsoft SQL Servershili \ MSSQL10 _ 50. MSSQLSERVER\MSSQL\DATA\dbcompanylog.ldf ',

size = 2MB,

maxsize = 100MB,

filegrowth = 1MB

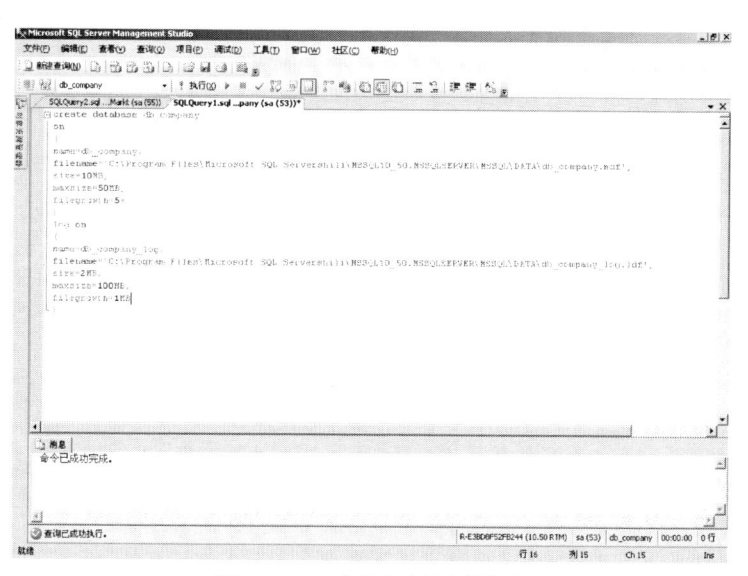

)

圖 3-5　SQL 命令方式創建數據庫

3.1.2　修改數據庫

（1）手動修改數據庫。新建的數據庫可以進行修改，主要包括對數據庫文件和日誌

數據庫管理與應用

文件的【初始大小】、【自動增長】進行修改和編輯，以及對數據庫文件和日誌文件的增加和刪除。選中新建的數據庫 db_company，右鍵單擊【屬性】，打開【數據庫屬性】面板，如圖 3-6 所示，單擊【選擇頁】中的【文件】選項，打開如圖 3-7 所示的屬性頁。

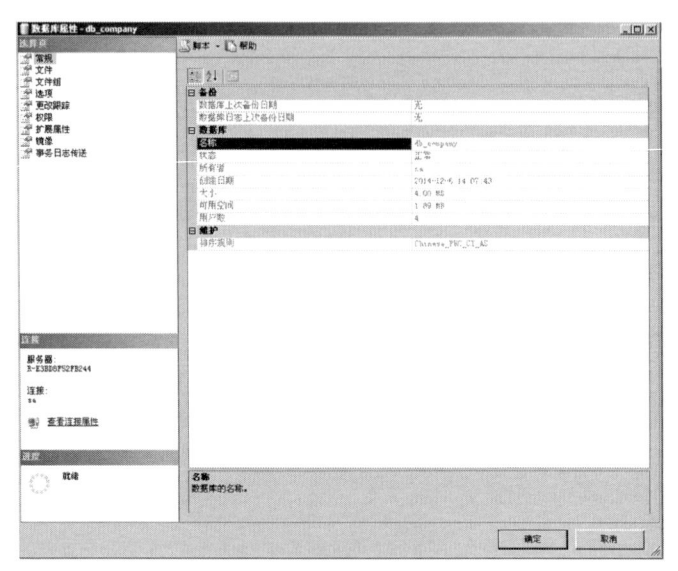

圖 3-6　數據庫修改選項

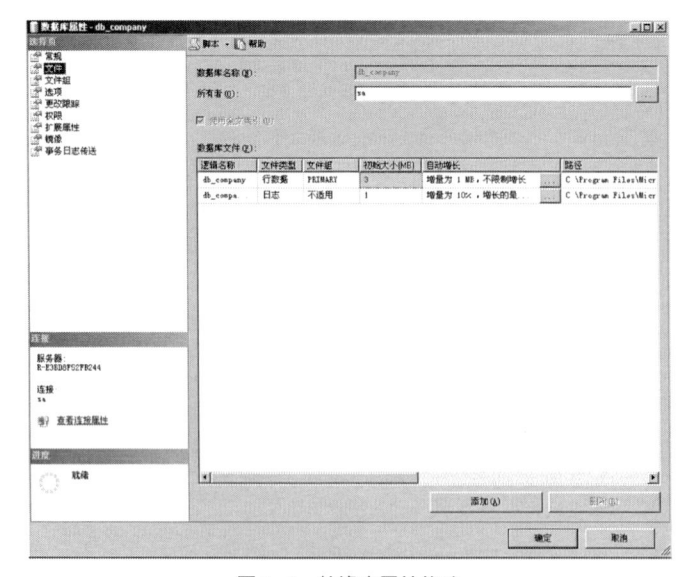

圖 3-7　數據庫屬性修改

第三章　數據庫操作

單擊【初始大小】文本框可修改數據庫文件和日誌文件的大小。單擊【啟用自動增長】選擇框，如圖3-8所示，可分別修改數據庫文件和日誌文件是否啟用自動增長方式，如文件增長是按百分比還是按MB增加；也可設置最大文件大小，如限制文件最大大小為多少MB，或者不限制文件增長。

單擊【新建數據庫】的【添加】按鈕，可添加數據庫文件和日誌文件。在【邏輯名稱】處輸入數據庫文件名或者日誌文件名，如果新建的是數據庫文件，在【文件類型】選擇數據；如果新建的是日誌文件，在【文件類型】選擇日誌。也可以對添加的日誌文件和數據庫文件進行刪除，選中新建的數據庫文件或者日誌文件，然後單擊【新建數據庫】面板中的【刪除按鈕】即可。

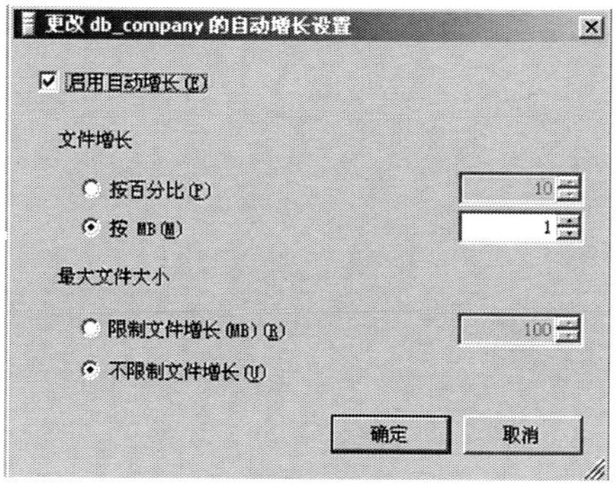

圖3-8　設置自動增長方式

（2）SQL命令方式修改數據庫。其主要包括對數據庫文件屬性的修改（modify）、數據庫文件和日誌文件的添加（add）以及數據庫文件和日誌文件的刪除（remove）。

修改數據庫文件基本命令為：alter database name —— modify

alter database name
modify file
(
name＝數據庫文件名,
filename＝修改數據庫文件路徑,
size＝修改數據庫文件初始大小,
maxsize＝修改數據庫最大大小,
filegrowth＝修改數據庫增長方式
)

例2　修改數據庫文件最大大小為不受限制，如圖3-9所示。

alter database db_company
modify file

(

name=db_company,

maxsize=unlimited

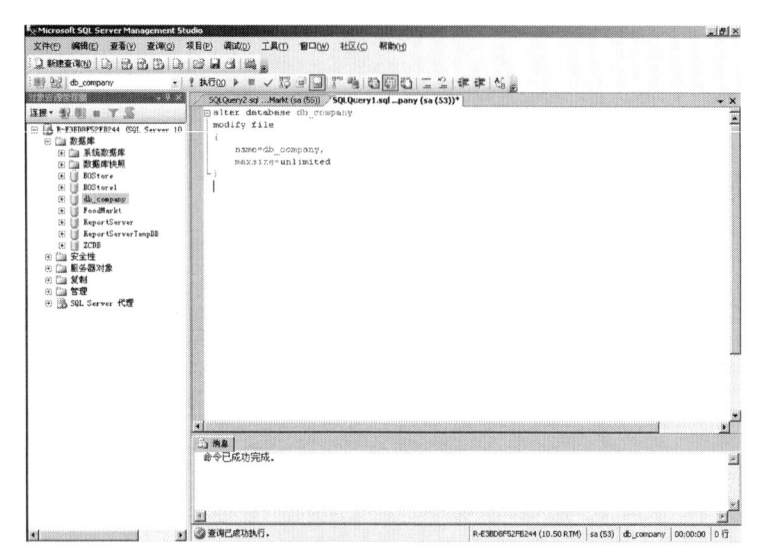

)

图 3-9　SQL 命令方式修改数据库文件

添加数据库文件或者日志文件基本命令为：alter database name —— add

alter database name

add file

(

name=添加的数据库文件名,

filename=添加的数据库文件路径,

size=添加的数据库文件初始大小,

maxsize=添加的数据库最大大小,

filegrowth=添加的数据库增长方式

)

例 3　给 db_company 数据库添加一个数据库文件，名字为 db_company2，路径为 C:\Program Files\Microsoft SQL Servershili\MSSQL10_50.MSSQLSERVER\MSSQL\DATA，初始大小为 5MB，最小大小为 100MB，文件增长方式为 10%，如图 3-10、图 3-11 所示。

Alter database db_company

Add file

第三章　數據庫操作

(

Name＝db_company2,

filename＝'C:\Program Files\Microsoft SQL Servershili\MSSQL10_50.MSSQLSERVER\MSSQL\DATA\db_company2.MDF',

size＝5MB,

maxsize＝100MB,

filegrowth＝10%

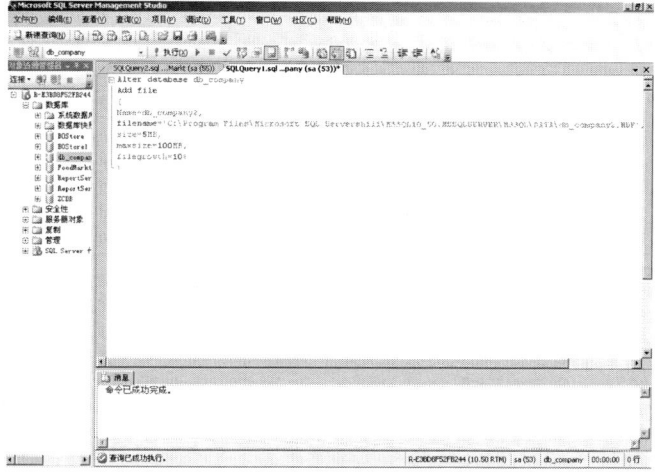

)

圖 3-10　SQL 命令方式增加數據庫文件

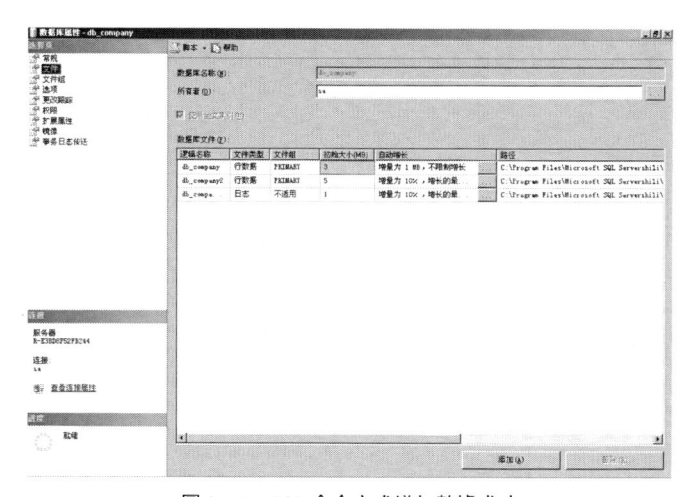

圖 3-11　SQL 命令方式增加數據成功

數據庫管理與應用

刪除數據庫文件或者日誌文件基本命令 alter database name —— remove（不能刪除主數據文件和主日誌文件）

alter database name

remove file name

例 4　刪除新建的數據庫文件 db_company2。如圖 3-12 所示。

Alter database db_company

remove file db_company2

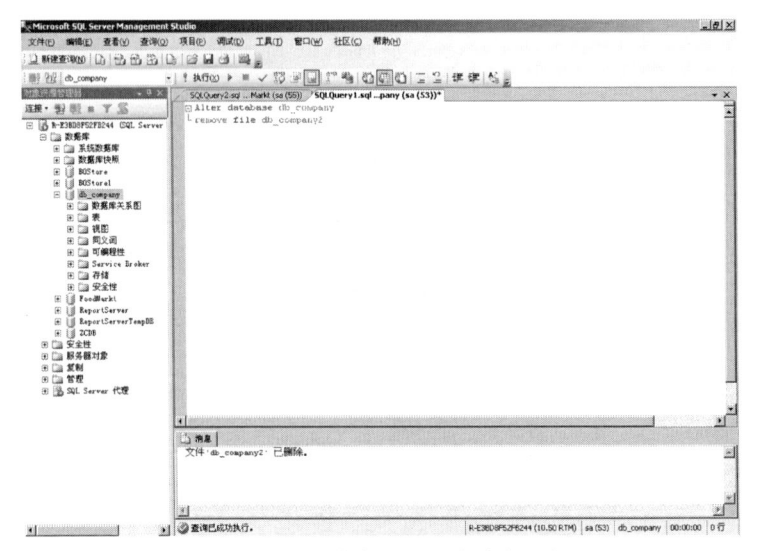

圖 3-12　SQL 命令方式刪除數據庫文件

3.1.3　刪除數據庫

（1）手動刪除數據庫。選中數據庫單擊右鍵【刪除】，打開【刪除對象】屬性頁，【刪除數據庫備份和還原歷史記錄】默認為選中狀態，也可以勾選上【關閉現有連接】，然后單擊【確定】，刪除該數據庫對象，如圖 3-13 所示。

第三章　數據庫操作

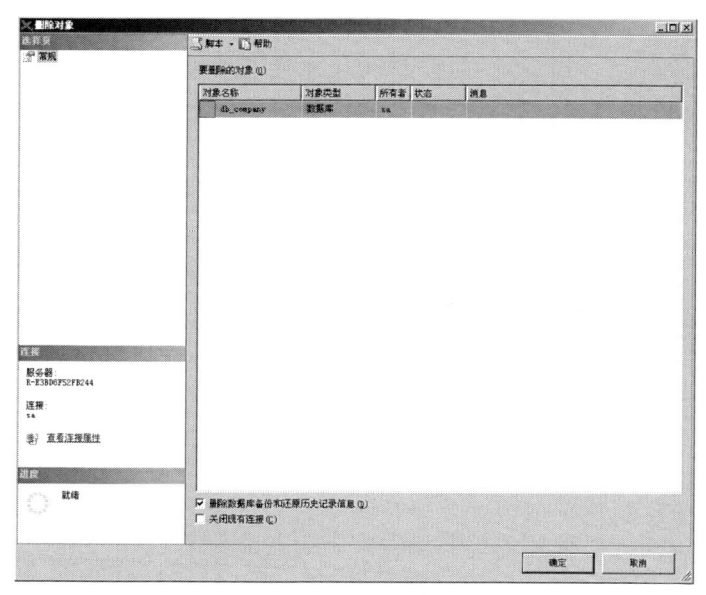

圖 3-13　刪除數據庫

（2）SQL 命令方式刪除數據庫。

基本命令格式為：drop

drop database name

例 1　刪除數據庫 db_company，如圖 3-14 所示。

drop database db_company

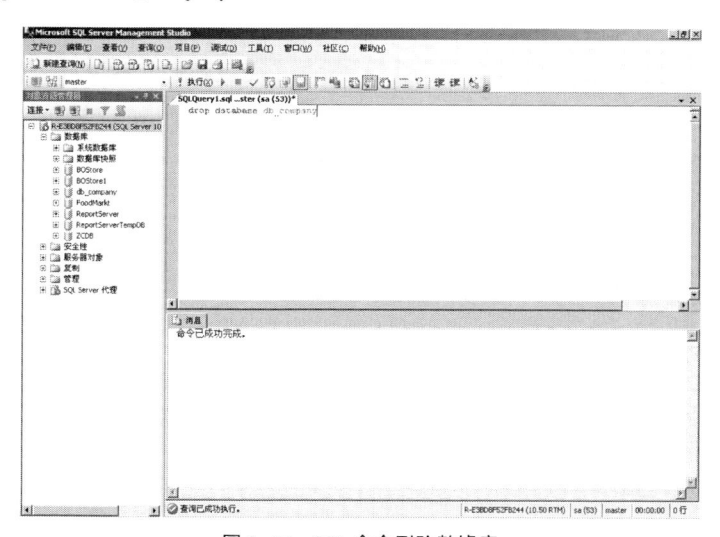

圖 3-14　SQL 命令刪除數據庫

41

3.2 數據表操作

數據庫創建成功之后，需要進行數據表的創建。以第二章數據庫設計的案例為例，通常數據庫中會包含多張表，以存儲用戶需求的數據。對數據表的操作主要包括數據表的創建、數據表字段的修改、添加和刪除以及對數據表的刪除。對於數據表的操作，既可以使用 SQL Server Management Studio 的對象資源管理器，也可以使用 SQL 語句。

數據表的創建需要設置字段的數據類型，數據類型也對應著 SQL Server 2008 在內存或者硬盤上開闢的存儲空間，同時也決定了訪問、顯示、更新數據的方式。因此，在使用數據之前，必須指定其數據類型，SQL Server 2008 數據類型主要包括數值型、字符型、日期型、貨幣性等（見表 3-1），T-SQL 還支持用戶自定義數據類型。

表 3-1　　　　　　　　　　SQL SERVER 2008 數據類型

類別	數據類型	類別	數據類型	類別	數據類型
二進制字符串	Binary Varbinary image	近似數字	Float real	日期類型	Datetime Date Smalldatetime
精確數字	Bit Int Bigint Smallint Tinyint Decimal Numeric Money Smallmoney	字符串	Char Varchar Text Nchar Nvarchar Next	其他類型	Timestamp SQL_varint Table Cursor Uniqueidentifier xml

1. 精確數字

精確數字主要包括整數、精確小數數字、貨幣三種類型。

（1）整數類型。

①bit。bit 類型的值只能是 0 或者 1。

②int。int 類型為 4 個字節，存儲範圍為：$-2^{31} \sim 2^{31}-1$。

③bigint。bigint 類型為 8 個字節，存儲範圍為：$-2^{63} \sim 2^{63}-1$。

④smallint。smallint 類型為 2 個字節，存儲範圍為：$-2^{15} \sim 2^{15}-1$。

⑤tinyint。tinyint 類型為 1 個字節，存儲範圍為：0~255 的所有整數。

第三章　數據庫操作

（2）精確小數數字類型。

①decimal。decimal 類型為 2~17 字節，存儲範圍為：$-10^{38}+1$~$10^{38}-1$。

②numeric。numeric 類型為 2~17 字節，存儲 $-10^{38}+1$~$10^{38}-1$。

（3）貨幣數據類型。

①money。money 類型為 8 個字節，存儲的範圍為：-2^{63}~$2^{63}-1$，精確到貨幣單位的 1%。

②smallmoney。smallmoney 類型為 4 個字節，存儲範圍為：-214748.3648~214748.3647。

2. 近似數字

（1）float。float 空間大小取決於 n，n 為用於存儲 float 數值尾數的位數，可以確定精度和存儲大小，n 的取值範圍 1~53，n 的默認值為 53。當 n 取值範圍為 1~24 時，為 4 個字節；當 n 的取值範圍在 25~53 時，為 8 個字節。該類型數據範圍為：-1.79E+308~1.79E+308。

（2）real。real 類型為 4 個字節，該類型數據範圍為：-3.40E+38~3.40E+38。

3. 日期和時間

（1）date。date 類型為 3 個字節，存儲從 0001 年 1 月 1 日到 9999 年 12 月 31 日之間的日期，日期格式為'YYYY-MM-DD'。

（2）datetime。datetime 類型為 8 個字節，存儲從 1753 年 1 月 1 日到 9999 年 12 月 31 日之間的日期和時間數據，格式為'YYYY-MM-DD hh：mm：ss.n*'。

（3）smalldatetime。smalldatetime 類型為 4 個字節，存儲從 1900 年 1 月 1 日到 2079 年 12 月 31 日的日期和時間數據，可以精確到分鐘，格式為'YYYY-MM-DD hh：mm：ss'。

4. 字符串

（1）char［n］。長度為 n 的固定字符串，每個字符佔 1 個字節存儲空間。

（2）varchar［n］。最大長度為 n 的可變長度字符串，當給定字符串長度超過 n 時，超出部分將被截斷。

（3）text。專門用於存儲數量龐大的變成字符數據，最大所佔存儲空間為：1~$2^{31}-1$。

（4）binary［n］。固定長度為 n 字節的二進制字符串，所佔存儲空間大小為 n 字節。

（5）varbinary［n］。最大長度為 n 字節的可變二進制字符串，所佔存儲空間為實際二進制字符串長度。

（6）image。可用於存儲超過 8000 字節的數據，如 Word 文檔、Excel 圖表以及圖像數據。

5. 其他數據類型

（1）cursor。遊標的引用，所佔存儲空間大小為 8 個字節。

（2）sql_variant。數據類型可以存儲 text、ntext、image 以外的各種數據。

(3) timestamp。時間戳,數據庫範圍內的唯一值,所占存儲空間大小為 8 個字節。

(4) table。存儲對表或者視圖處理后的結果集。

(5) uniqueidentifier。全局唯一標示符,所占存儲空間為 16 個字節。

(6) XML。存儲可擴展標記文本數據。

用戶根據需求分析進行數據庫中表的創建,表創建過程中主要是對字段進行設置,其中字段的類型尤為重要。用戶需要根據實際情況創建字段,選擇合適的數據類型和合適的存儲空間。

3.2.1 創建表

(1) 手動方式創建表。以第二章運輸公司項目中員工信息表為例,選擇數據庫【db_company】→【表】,單擊右鍵【新建表】,打開新建表字段對話框,員工信息表各字段信息如表 3-2 所示。

表 3-2　　　　　　　　　　員工信息表數據字段

表名稱	user_info		含義		員工信息
名稱	類型	長度	主鍵	是否為空	字段
uid	char(4)	4	是	否	用戶 ID
name	varchar(20)	最多不超過 20		是	姓名
sex	char(2)	2		是	性別
birthday	date	3		是	出生年月日
entrydate	date	3		是	入職時間
job	varchar(10)	最多不超過 10		是	職位

在新建表對話框中輸入各字段名以及長度、主鍵、是否為空等屬性值,選擇 uid 字段,單擊右鍵【設置主鍵】,將 uid 設置為主鍵,然后單擊【關閉】按鈕,保存數據表名字為【user_info】,創建成功后可以在 db_company 數據庫的【表】下看到創建之后的結果,如圖 3-15 所示。

(2) SQL 命令方式創建數據表。

創建表的基本命令為:create table name

create table name

(

字段名(長度) 是否為空 是否為主鍵,

)

第三章 數據庫操作

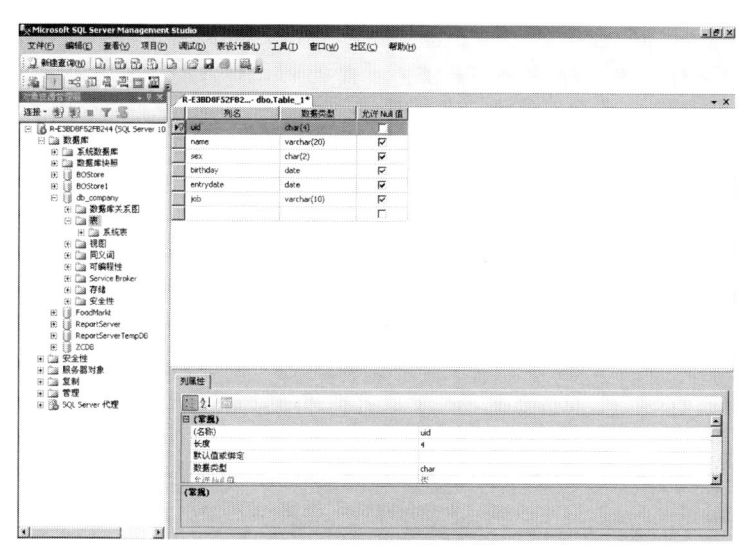

圖 3-15 創建數據表

例 1 創建員工信息表，字段以及各屬性如表 3-2 所示，單擊 db_company，單擊右鍵選擇【新建查詢】，打開命令窗口，輸入如下命令，然后單擊執行，執行命令成功，結果如圖 3-16 所示。

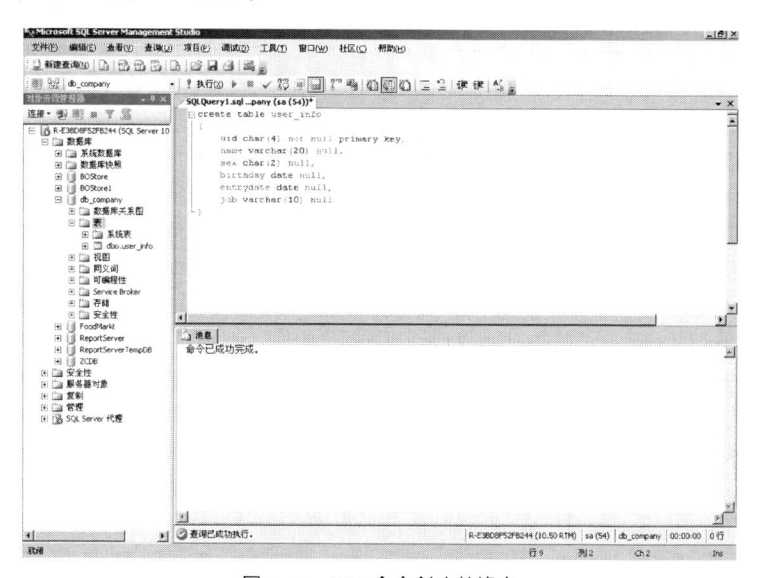

圖 3-16 SQL 命令創建數據表

create table userinfo
(
uid char(4) not null primary key,
name varchar(20) null,
sex char(2) null,
birthday date null,
entrydate date null,
job varchar(10) null
)

例2 創建車輛運輸表,如表3-3所示,表中tid和cid都是主鍵,在命令窗口輸入如下命令,運行結果如圖3-17所示。

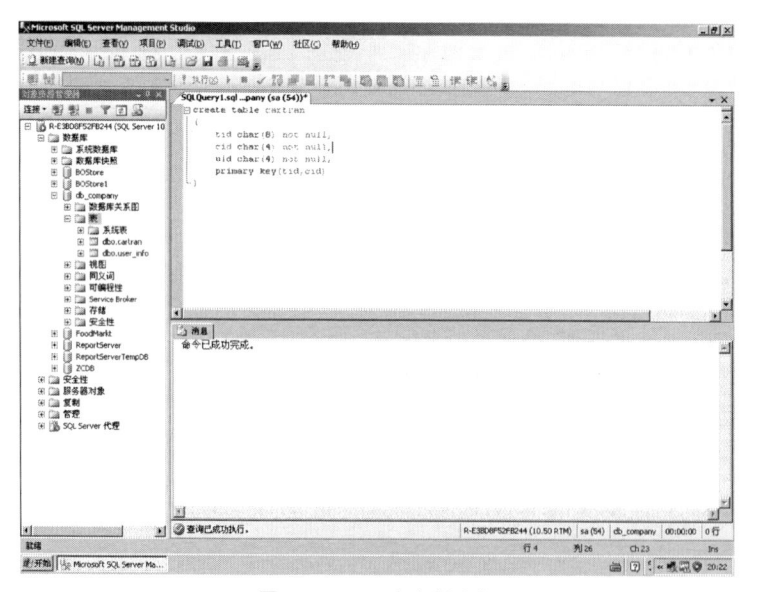

圖3-17 SQL命令創建表

create table cartran
(
tid char(8) not null,
cid char(4) not null,
uid char(4) not null,
primary key(tid,cid)
)

第三章 數據庫操作

表 3-3　　　　　　　　　　汽車運輸關係表數據字典

表名稱	cartran		含義		汽車運輸表
名稱	類型	長度	是否主鍵	是否為空	含義
tid	char(8)	8	是	否	運單號
cid	char(4)	4	是	否	車輛編號
uid	char(4)	4		否	用戶 ID

3.2.2 修改表

（1）手動方式修改表。主鍵包括對表的字段進行添加、修改和刪除。

例 3　在 user_info 表中添加年齡字段 age、tinyint 類型，可以為空。單擊表【user_info】，單擊右鍵選擇【設計】，打開字段設計窗口，如圖 3-18 所示，添加一個字段 age，選擇 int 類型，勾選【null】，單擊【確定】按鈕。

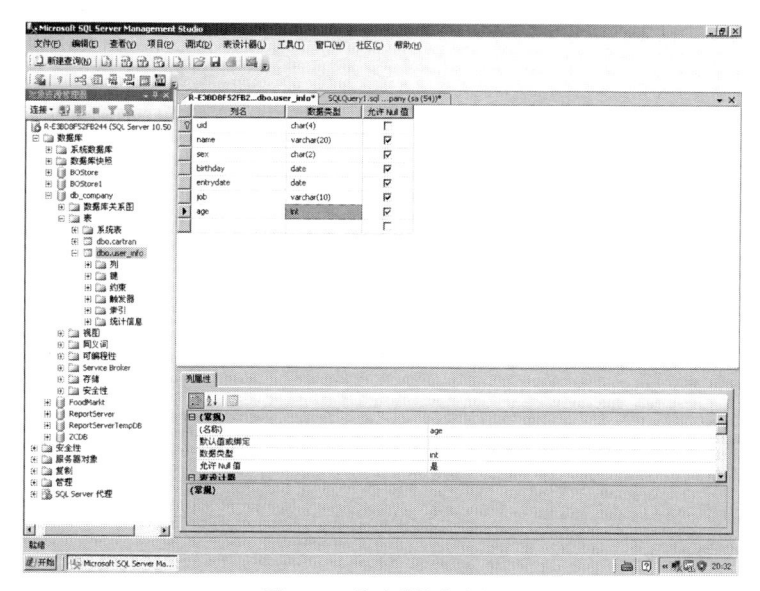

圖 3-18　修改數據表字段

例 4　將 user_info 表中 age 字段的數據類型改為 tinyint 類型，單擊表【user_info】，單擊右鍵選擇【設計】，打開字段設計窗口，選擇 age 字段的數據類型，在下拉菜單中選擇【tinyint】類型，如圖 3-19 所示，然后單擊【關閉】按鈕，點擊【保存】按鈕。

數據庫管理與應用

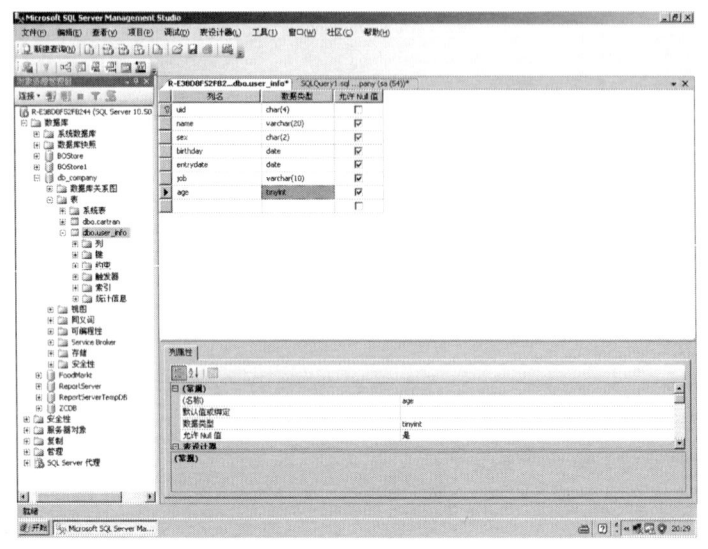

圖 3-19　修改數據庫表字段

　　例 5　將 user_info 表的 age 字段刪除，單擊 user_info 表名，展開後單擊【列】，選擇【age】字段單擊右鍵，選擇【刪除】，打開如圖 3-20 所示刪除對象窗口，單擊【確定】按鈕即可刪除該字段。

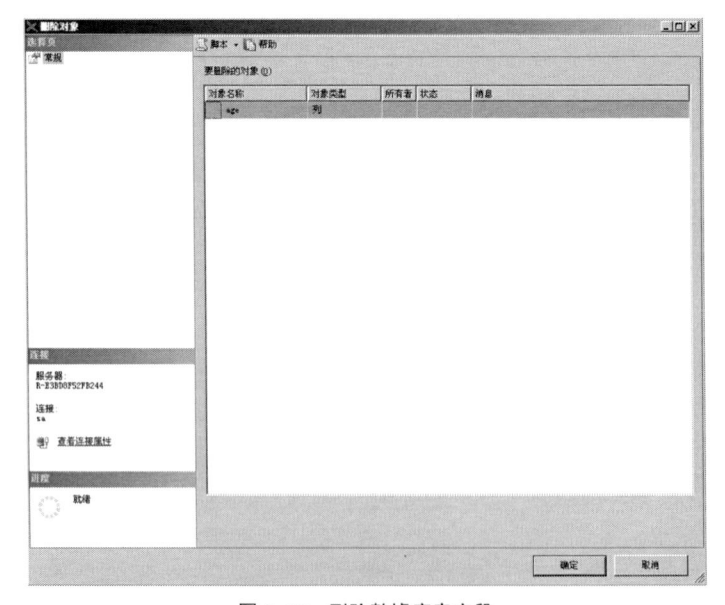

圖 3-20　刪除數據庫表字段

(2) SQL 命令方式操作數據表。

基本命令為 alter table name（包括添加字段、修改字段屬性、刪除字段）

①添加表字段的基本命令為 add。

alter table name

add　字段名　長度　是否為空　是否為主鍵

例 6　在 user_info 表中添加字段 age、int 類型，可以為空，不是主鍵。

alter table user_info

add age int null

②修改表字段的基本命令為 alter column。

alter table name

alter column　字段名　屬性值

例 7　將 user_info 表中 age 字段修改為 tinyint 類型。

alter table user_info

alter column age tinyint

③刪除表字段的基本命令為 drop column。

alter table name

drop column name

例 8　將 user_info 表中 age 字段刪除。

alter table user_info

drop column age

3.2.3　刪除表

(1) 手動方式刪除表。選中要刪除的表，單擊右鍵【刪除】，打開刪除對象窗口，單擊【確定】按鈕即可刪除。

例 9　刪除車輛運輸信息表 cartran，單擊【cartran】表，右鍵選擇【刪除】按鈕，打開如圖 3-21 所示刪除對象窗口，單擊【確定】按鈕刪除 cartran 表。

(2) SQL 命令方式刪除表。

基本命令格式為：drop table name

例 10　刪除員工信息表，選擇數據庫【db_company】，單擊右鍵選擇【新建查詢】，打開命令窗口輸入如圖 3-22 所示代碼，然后單擊【執行】銨鈕。

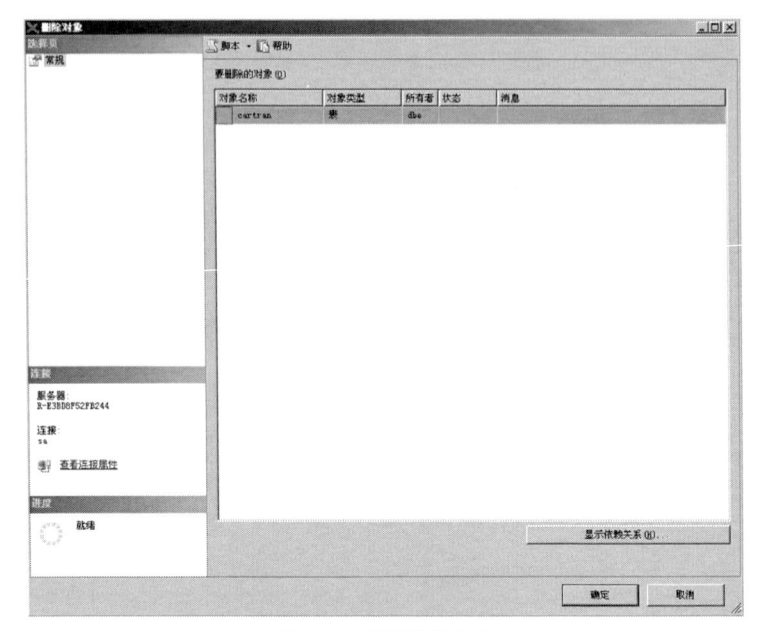

圖 3-21　刪除數據庫表

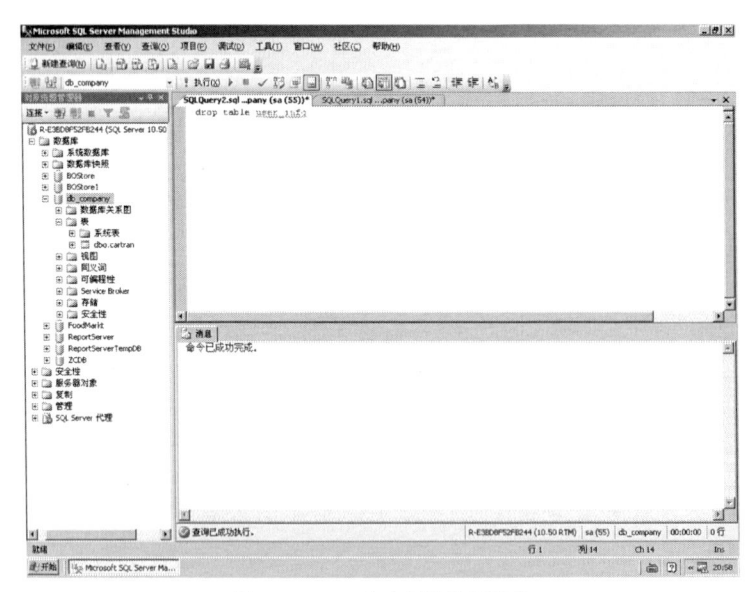

圖 3-22　SQL 命令刪除數據庫表

第三章　數據庫操作

3.3　數據更新

數據庫創建成功以及數據表新建成功之後，就可以添加和保存用戶各式各樣的數據。數據保存在數據庫中只是體現了數據表的保存功能，但數據表不僅只是保存數據的功能，還可以進行更新，包括數據的添加、刪除和修改，並且保證數據的完整性和規範性。

3.3.1　添加記錄

（1）手動方式添加記錄。選擇表【user_info】，單擊右鍵選擇【編輯前 200 行】，打開表數據窗口，然後在最下行可輸入需要添加的數據，需要特別注意輸入數據的數據類型和長度以及數據類型的格式都需要與表該字段的數據類型和長度匹配。

例1　在 user_info 表中添加一條數據，員工編號（U008），姓名（楊智），性別（男），生日（1982 年 11 月 25 日），入職日期（2014 年 6 月 1 日），職位（司機）。選擇表【user_info】，單擊右鍵選擇【編輯前 200 行】，打開如圖 3-23 所示數據表，在最下行增加數據（U008，楊智，男，1982-11-25，2014-6-1，司機），然後單擊【關閉】按鈕，點擊【保存】確保數據錄入成功。

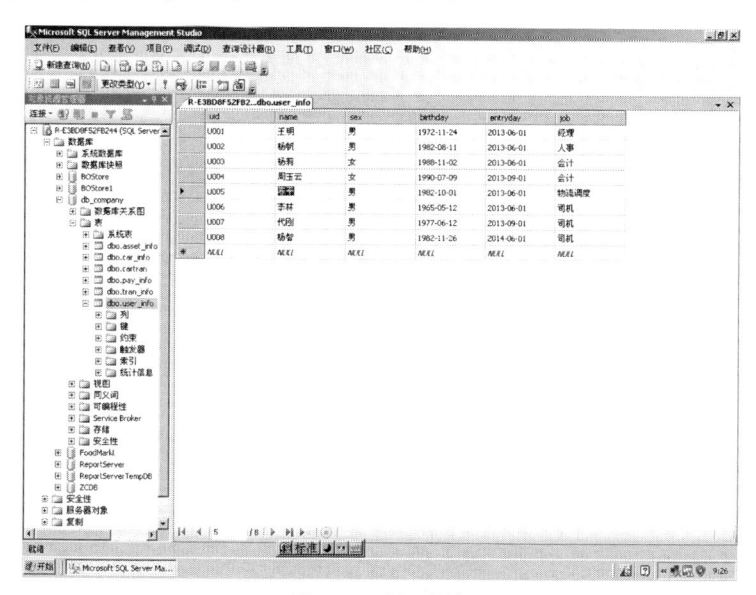

圖 3-23　插入數據

(2) SQL 方式添加數據記錄。

基本命令格式為：insert into

插入該表所有字段數據：insert into tablename values（值列表）。

插入該表部分字段數據：insert into tablename（字段名列表）values（值列表）。

例2　為 user_info 表添加一個新職員，如圖 3-24 所示。員工編號（U009），姓名（何麗），性別（女），生日（1992 年 10 月 1 日），入職日期（2014 年 6 月 1 日），職位（文員）。

insert into user_info values（'U009'，'何麗'，'女'，'1992-10-1'，'2014-6-1'，'文員'）

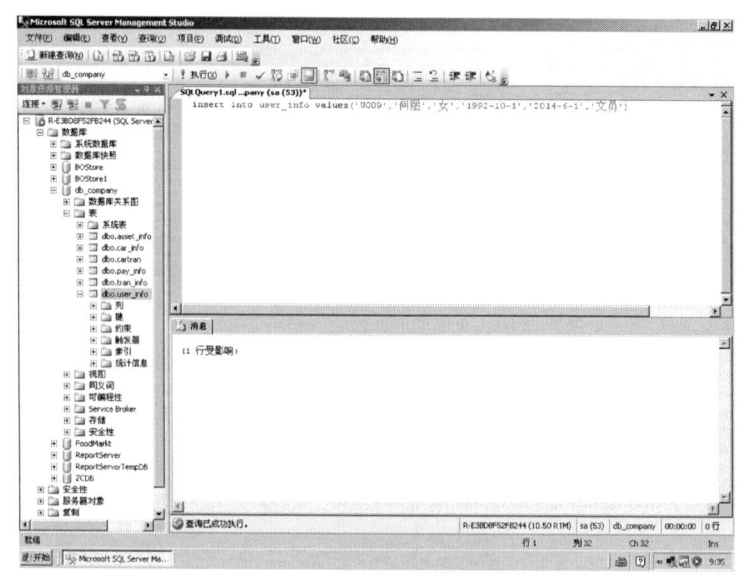

圖 3-24　SQL 命令插入數據

例3　為 user_info 表添加一個新職員，如圖 3-25 所示。員工編號（U010），姓名（曾一凡），性別（男），生日（1991 年 6 月 1 日），入職日期（2014 年 6 月 1 日），職務（待定）。

insert into user_info（uid, name, sex, birthday, entryday）
values（'U010'，'曾一凡'，'男'，'1992-6-1'，'2014-6-1'）

需要注意的是命令中錄入的數據值列表，包括個數、類型、順序需要和字段名列表匹配。

第三章　數據庫操作

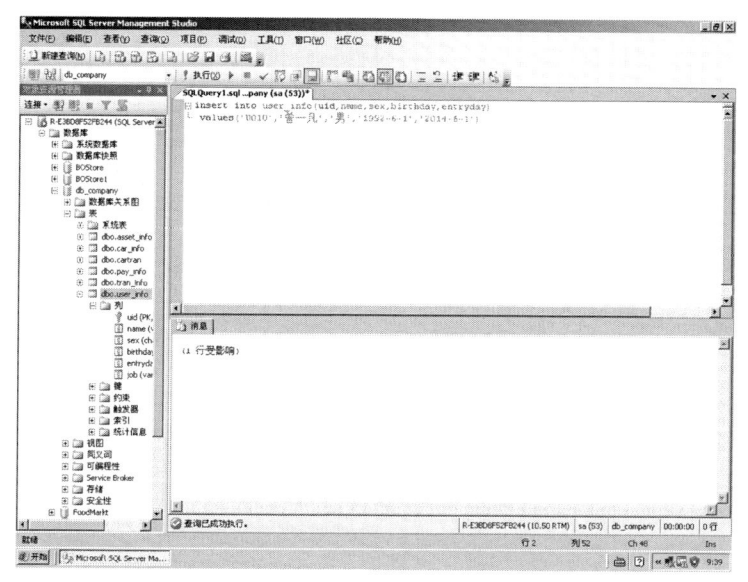

圖 3-25　SQL 命令插入數據

3.3.2　修改記錄

（1）手動方式修改數據記錄。選擇要修改的表，單擊右鍵，選擇【編輯前 200 行】，打開表數據，直接對數據進行修改，需要注意數據類型和數據長度需要和字段匹配。

例 4　將數據表 user_info 中剛添加的員工號為 U010 的職位修改為實習生，單擊表【user_info】，右鍵選擇【編輯前 200 行】，打開表數據如圖 3-26 所示，在 U010 行 job 列修改 null 為實習生，然后單擊【關閉】按鈕，點擊【確定】按鈕保存數據，修改后數據結果如圖 3-27 所示。

（2）SQL 命令方式修改數據表中數據。

基本命令格式為：update

update 表名 set 字段=值 where 條件

53

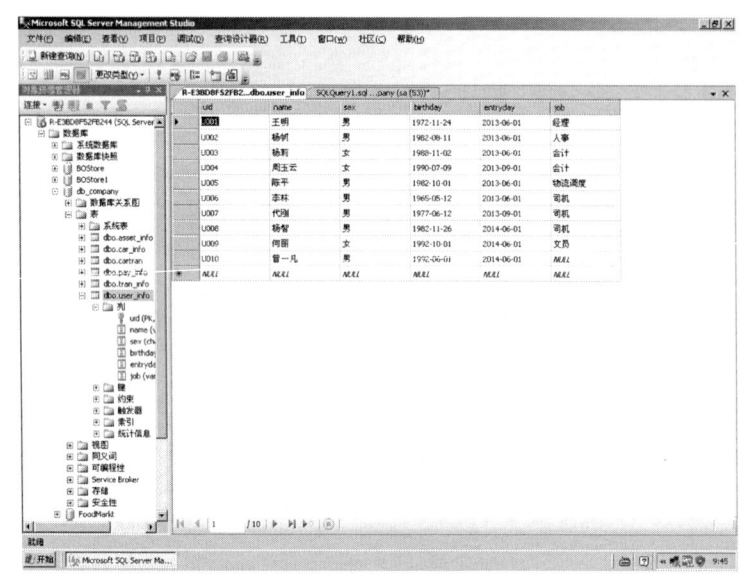

圖 3-26 修改數據

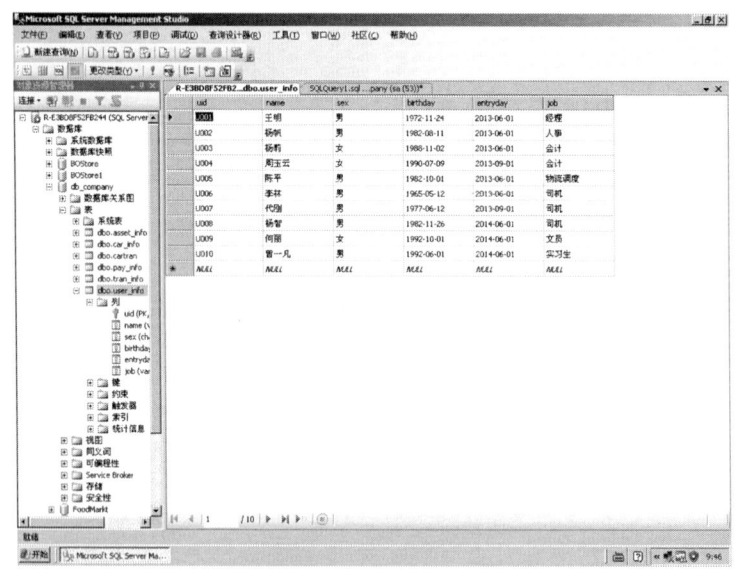

圖 3-27 修改數據

第三章 數據庫操作

例 5 將 U010 號職員的職位修改為物流調度,選擇數據庫 db_company,新建查詢,輸入如下命令,然後單擊【執行】,執行結果如圖 3-28 所示。

update user_info set job='物流調度' where uid='U010'

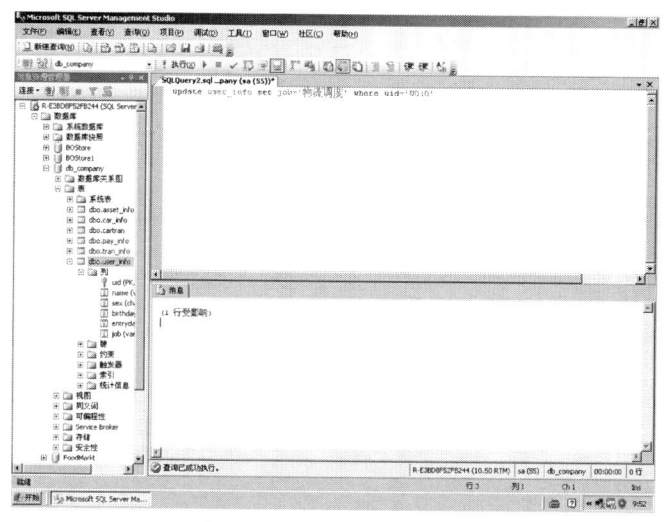

圖 3-28 SQL 命令修改數據

例 6 將何麗的生日改為 1992 年 10 月 11 日,選擇數據庫 db_company,新建查詢,輸入如下命令,然後單擊【執行】,執行結果如圖 3-29 所示。

update user_info set birthday='1992-10-11' where name='何麗'

圖 3-29 SQL 命令修改數據

3.3.3 刪除記錄

（1）手動方式刪除記錄。選擇要刪除的數據庫，找到要刪除數據的表，單擊右鍵選擇【編輯前 200 行】，再選擇要刪除的行，單擊右鍵選擇【刪除】，確定永久刪除這些行。

例 7　刪除 U010 行記錄選擇數據庫【db_company】，選擇表【user_info】，單擊右鍵選擇【編輯前 200 行】，再選擇要刪除的行，單擊右鍵選擇【刪除】，如圖 3-30 所示，再單擊【是】刪除該記錄，如圖 3-31 所示。

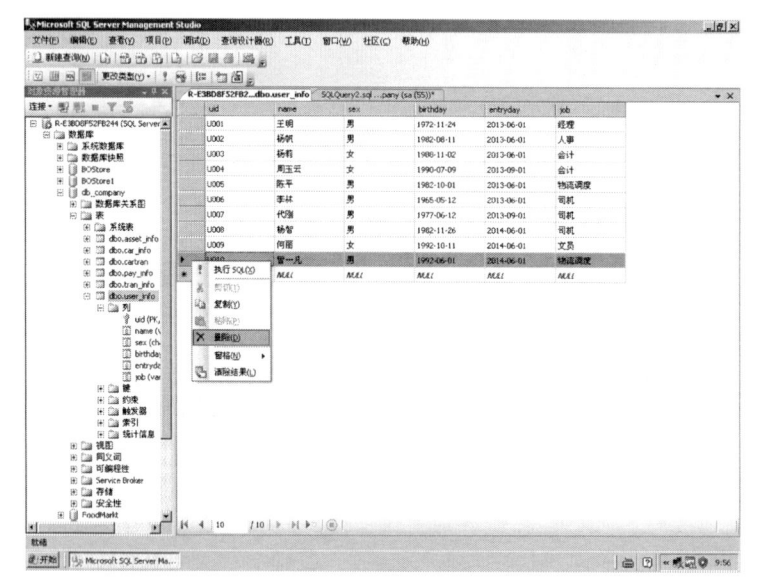

圖 3-30　刪除記錄

（2）SQL 命令方式刪除數據記錄

基本命令格式為：delete

delete 表名 where 條件

第三章　數據庫操作

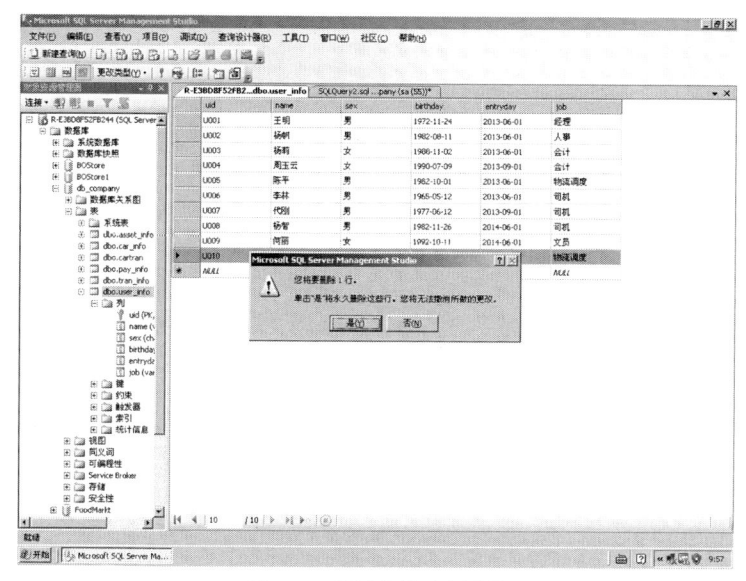

圖 3-31　刪除記錄確定選項

例 8　刪除員工號為 U009 的記錄，在新建查詢中輸入如圖 3-32 所示的命令，單擊【執行】。

delete user_info where uid = ' U009 '

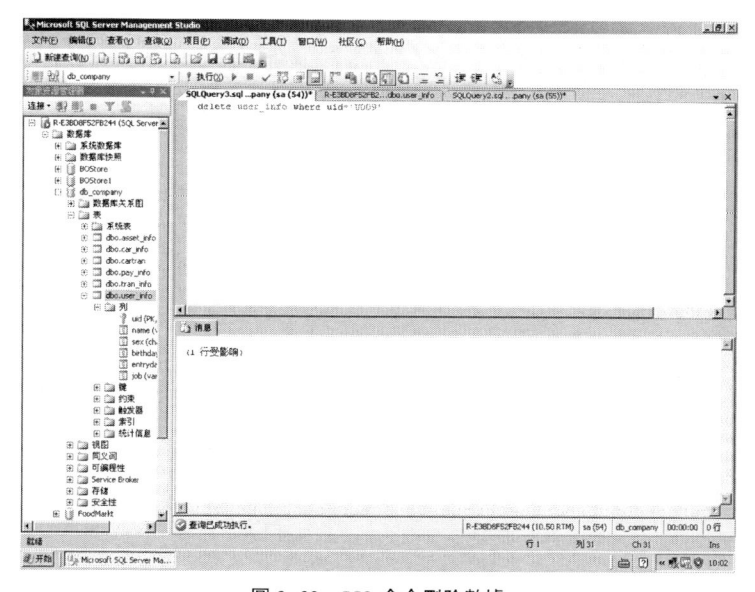

圖 3-32　SQL 命令刪除數據

57

數據庫管理與應用

例9　刪除姓名為楊智的這條員工記錄，在新建查詢中輸入如圖3-33所示的命令，單擊【執行】。

delete user_info where name='楊智'

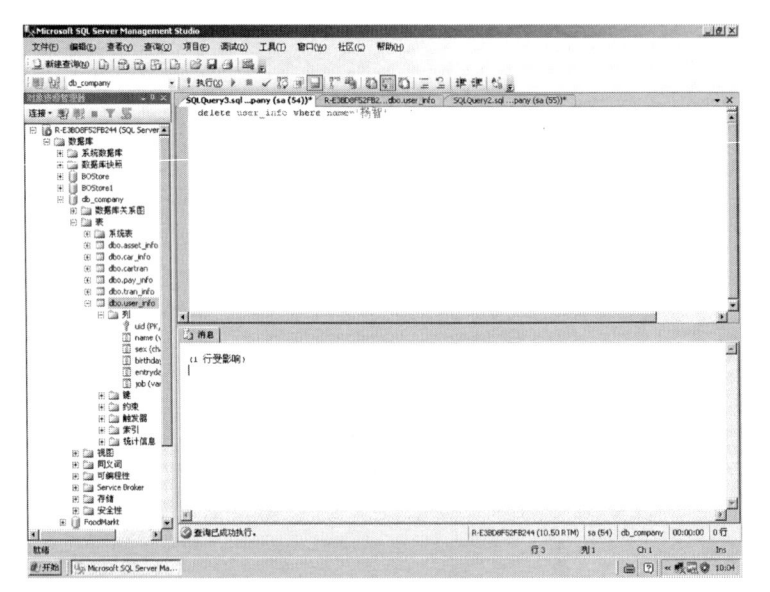

圖3-33　SQL命令刪除數據

3.4　單表查詢

數據保存於數據庫中本身是毫無意義的，需要對數據進行分析、處理和加工，其中數據的查詢功能是相當強大的，數據查詢是數據庫的核心操作。所說的查詢實際上就是根據用戶的需求，從數據庫中檢索所需要的數據的過程。SQL語言中使用Select語句進行數據查詢，該語句使用靈活，功能豐富，能夠實現十分複雜的查詢要求，Select語句的基本格式為：

select select_list〔into new_table〕

〔from　table_source〕

〔where search_condition〕

〔group by <列名>〔,<列名>…〕〕

〔having　search_condition〕

〔order by <列名>〔asc｜desc〕〔,<列名>…〕〔asc｜desc〕

3.4.1　查詢簡單列

對數據庫中數據列的查詢主要包括查詢一個表中指定的列、查詢全部列、修改查詢結構中的例標題、替換查詢結果中的數據、查詢經過計算的值。

（1）查詢表中指定的列。

命令基本格式為：select 表字段名 from 表名

例 1　在員工信息表中查詢員工編號、姓名、性別和職位，查詢結果如圖 3-34 所示。

select uid，name，sex，job from user_info

	uid	name	sex	job
1	U001	王明	男	经理
2	U002	杨帆	男	人事
3	U003	杨莉	女	会计
4	U004	周玉云	女	会计
5	U005	陈平	男	物流调度
6	U006	李林	男	司机
7	U007	代刚	男	司机

圖 3-34　SQL 命令查詢結果

例 2　在工資信息表中查詢工資編號、員工編號、基本工資、社保、公積金以及支付日期，查詢結果如圖 3-35 所示。

select pid，uid，salary，security，pub_funds，paydate from pay_info

	pid	uid	salary	security	pub_funds	paydate
1	P1306001	U001	5100.00	318.00	400.00	2013-06-28
2	P1306002	U002	3700.00	227.00	400.00	2013-06-28
3	P1306003	U003	1800.00	227.00	400.00	2013-06-28
4	P1306005	U005	2800.00	227.00	400.00	2013-06-28
5	P1306006	U006	4500.00	227.00	400.00	2013-06-28
6	P1307001	U001	5100.00	318.00	400.00	2013-07-28
7	P1307002	U002	3700.00	227.00	400.00	2013-07-28
8	P1307003	U003	1800.00	227.00	400.00	2013-07-28
9	P1307005	U005	2800.00	227.00	400.00	2013-07-28
10	P1307006	U006	4500.00	227.00	400.00	2013-07-28
11	P1308001	U001	5100.00	318.00	400.00	2013-08-28
12	P1308002	U002	3700.00	227.00	400.00	2013-08-28
13	P1308003	U003	1800.00	227.00	400.00	2013-08-28
14	P1308005	U005	2800.00	227.00	400.00	2013-08-28
15	P1308006	U006	4500.00	227.00	400.00	2013-08-28
16	P1309001	U001	5100.00	318.00	400.00	2013-09-28
17	P1309002	U002	3700.00	227.00	400.00	2013-09-28
18	P1309003	U003	1800.00	227.00	400.00	2013-09-28
19	P1309004	U004	1500.00	227.00	400.00	2013-09-28
[illegible]	[illegible]	[illegible]	[illegible]	[illegible]	[illegible]	[illegible]

圖 3-35　SQL 命令查詢結果

例 3　在公司資金信息表中查詢資金編號、員工編號、支付款項、支付數目以及支付日期，查詢結果如圖 3-36 所示。

select asid，uid，payout，payoutnum，assetdate from asset_info

	asid	uid	payout	payoutnum	assetdate
1	a1306001	U003	社保	89.00	2013-06-20
2	a1306002	U003	员工工资	66.00	2013-06-25
3	a1306003	U007	无	0.00	2013-06-26
4	a1307001	U004	员工工资	55555.00	2013-07-02
5	a1307002	U006	油费	9669.00	2013-07-06
6	a1307003	U002	奖金	45646.00	2013-07-10
7	a1307004	U006	员工工资	414.00	2013-07-24
8	a1308001	U001	员工工资	79871.00	2013-08-02
9	a1308002	U002	社保	79871.00	2013-08-13
10	a1308003	U003	无	0.00	2013-08-24
11	a1309001	U005	油费	4564.00	2013-09-05
12	a1309002	U002	员工奖金	569.00	2013-09-20
13	a1310001	U003	油费	56856.00	2013-10-01
14	a1310002	U003	公积金	5686.00	2013-10-19
15	a1310003	U005	员工工资	6625.00	2013-10-23
16	a1311001	U002	无	0.00	2013-11-01
17	a1311002	U006	奖金	53.00	2013-11-12
18	a1311003	U001	油费	9669.00	2013-11-14
19	a1311004	U007	员工奖金	2222.00	2013-11-24

圖 3-36 SQL 命令查詢結果

例 4 在運輸信息表中查詢運單號、運輸始發地址和運輸目的地址，查詢結果如圖 3-37 所示。

select tid, startloc, stoploc from tran_info

	tid	startloc	stoploc
1	t1306001	成都	南昌
2	t1306002	广州	南京
3	t1307001	武汉	沈阳
4	t1307002	武汉	拉萨
5	t1307003	成都	贵阳
6	t1307004	成都	乌鲁木齐
7	t1307005	成都	乌鲁木齐
8	t1308001	南昌	厦门
9	t1308002	成都	天津
10	t1308003	南京	合肥
11	t1309001	南京	成都
12	t1309002	拉萨	乌鲁木齐
13	t1309003	北京	福州
14	t1310001	杭州	西宁
15	t1310002	成都	上海
16	t1310003	西宁	天津
17	t1311001	武汉	乌鲁木齐
18	t1311002	成都	贵阳
19	t1311003	福州	武汉

圖 3-37 SQL 命令查詢結果

第三章　數據庫操作

例 5　在汽車信息表中查詢汽車編號、運載重量和價格，查詢結果如圖 3-38 所示。

select cid，loads，price from car_info

	cid	loads	price
1	c001	4	240.00
2	c002	2	280.00
3	c003	4	250.00
4	c004	8	210.00
5	c005	1	300.00
6	c006	5	230.00
7	c007	6	230.00
8	c008	8	220.00
9	c009	10	200.00
10	c010	6	220.00

圖 3-38　SQL 命令查詢結果

（2）查詢表中全部的列。

命令基本格式為：select * from 表名

例 6　查詢員工信息表全部列，查詢結果如圖 3-39 所示。

select * from user_info

	uid	name	sex	birthday	entryday	job
1	U001	王明	男	1972-11-24	2013-06-01	经理
2	U002	杨帆	男	1982-08-11	2013-06-01	人事
3	U003	杨莉	女	1988-11-02	2013-06-01	会计
4	U004	周玉云	女	1990-07-09	2013-09-01	会计
5	U005	陈平	男	1982-10-01	2013-06-01	物流调度
6	U006	李林	男	1965-05-12	2013-06-01	司机
7	U007	代刚	男	1977-06-12	2013-09-01	司机

圖 3-39　SQL 命令查詢結果

例7　查詢工資信息表全部列，查詢結果如圖3-40所示。

select * from pay_info

	pid	uid	salary	security	pub_funds	bonus	tax	deduction	paydate
1	P1306001	U001	5100.00	318.00	400.00	300.00	238.00	0.00	2013-06-28
2	P1306002	U002	3700.00	227.00	400.00	200.00	128.00	0.00	2013-06-28
3	P1306003	U003	1800.00	227.00	400.00	200.00	0.00	100.00	2013-06-28
4	P1306005	U005	2800.00	227.00	400.00	200.00	69.00	0.00	2013-06-28
5	P1306006	U006	4500.00	227.00	400.00	100.00	226.00	0.00	2013-06-28
6	P1307001	U001	5100.00	318.00	400.00	300.00	238.00	0.00	2013-07-28
7	P1307002	U002	3700.00	227.00	400.00	200.00	128.00	0.00	2013-07-28
8	P1307003	U003	1800.00	227.00	400.00	200.00	0.00	0.00	2013-07-28
9	P1307005	U005	2800.00	227.00	400.00	200.00	69.00	0.00	2013-07-28
10	P1307006	U006	4500.00	227.00	400.00	100.00	226.00	0.00	2013-07-28
11	P1308001	U001	5100.00	318.00	400.00	300.00	238.00	0.00	2013-08-28
12	P1308002	U002	3700.00	227.00	400.00	200.00	128.00	100.00	2013-08-28
13	P1308003	U003	1800.00	227.00	400.00	200.00	0.00	0.00	2013-08-28
14	P1308005	U005	2800.00	227.00	400.00	200.00	69.00	0.00	2013-08-28
15	P1308006	U006	4500.00	227.00	400.00	200.00	226.00	0.00	2013-08-28
16	P1309001	U001	5100.00	318.00	400.00	300.00	238.00	0.00	2013-09-28
17	P1309002	U002	3700.00	227.00	400.00	200.00	128.00	0.00	2013-09-28
18	P1309003	U003	1800.00	227.00	400.00	200.00	0.00	0.00	2013-09-28
19	P1309004	U004	1500.00	227.00	400.00	100.00	0.00	0.00	2013-09-28

圖 3-40　SQL 命令查詢結果

例8　查詢公司資金信息表全部列，查詢結果如圖3-41所示。

select * from asset_info

	asid	uid	payout	payoutnum	income	incomenum	assetdate
1	a1306001	U003	社保	89.00	運費	489.00	2013-06-20
2	a1306002	U003	員工工資	66.00	運費	221.00	2013-06-25
3	a1306003	U007	無	0.00	運費	45646.00	2013-06-26
4	a1307001	U004	員工工資	55555.00	運費	414.00	2013-07-02
5	a1307002	U006	油費	9669.00	運費	79871.00	2013-07-06
6	a1307003	U002	獎金	45646.00	運費	456.00	2013-07-10
7	a1307004	U006	員工工資	414.00	運費	56.00	2013-07-24
8	a1308001	U001	員工工資	79871.00	運費	5666.00	2013-08-02
9	a1308002	U002	社保	79871.00	運費	89.00	2013-08-13
10	a1308003	U005	無	0.00	運費	66.00	2013-08-24
11	a1309001	U005	油費	4564.00	運費	5999.00	2013-09-05
12	a1309002	U002	員工獎金	569.00	運費	669.00	2013-09-20
13	a1310001	U003	油費	56856.00	運費	9669.00	2013-10-01
14	a1310002	U003	公積金	5686.00	運費	363.00	2013-10-19
15	a1310003	U005	員工工資	6625.00	運費	56.00	2013-10-23
16	a1311001	U002	無	0.00	運費	35569.00	2013-11-01
17	a1311002	U006	獎金	53.00	運費	526.00	2013-11-12
18	a1311003	U001	油費	9669.00	運費	555.00	2013-11-14
19	a1311004	U007	員工獎金	2222.00	運費	88.00	2013-11-24

圖 3-41　SQL 命令查詢結果

第三章 數據庫操作

例 9 查詢運輸信息表全部列，查詢結果如圖 3-42 所示。

select * from tran_info

	tid	startdate	startloc	stopdate	stoploc
1	t1306001	2013-06-19	成都	2013-06-25	南昌
2	t1306002	2013-06-20	廣州	2013-06-26	南京
3	t1307001	2013-07-08	武漢	2013-07-10	沈陽
4	t1307002	2013-07-10	武漢	2013-07-14	拉薩
5	t1307003	2013-07-14	成都	2013-07-16	貴陽
6	t1307004	2013-07-18	成都	2013-07-24	烏魯木齊
7	t1307005	2013-07-19	成都	2013-07-25	烏魯木齊
8	t1308001	2013-08-10	南昌	2013-08-14	廈門
9	t1308002	2013-08-20	成都	2013-08-25	天津
10	t1308003	2013-08-22	南京	2013-08-26	合肥
11	t1309001	2013-09-08	南京	2013-09-10	成都
12	t1309002	2013-09-10	拉薩	2013-09-15	烏魯木齊
13	t1309003	2013-09-24	北京	2013-09-26	福州
14	t1310001	2013-10-18	杭州	2013-10-24	西寧
15	t1310002	2013-10-19	成都	2013-10-21	上海
16	t1310003	2013-10-20	西寧	2013-10-26	天津
17	t1311001	2013-11-08	武漢	2013-11-16	烏魯木齊
18	t1311002	2013-11-10	成都	2013-11-11	貴陽
19	t1311003	2013-11-24	福州	2013-11-26	武漢

圖 3-42 SQL 命令查詢結果

例 10 查詢汽車運輸關係表全部列，查詢結果如圖 3-43 所示。

select * from cartran

	tid	cid	uid
1	t1401001	c001	U006
2	t1401001	c003	U007
3	t1401002	c003	U006
4	t1401003	c004	U006
5	t1401003	c006	U007
6	t1401004	c007	U006
7	t1401004	c009	U007
8	t1401005	c010	U007
9	t1401006	c002	U006
10	t1401006	c003	U007
11	t1402001	c003	U006
12	t1402001	c002	U007
13	t1402002	c004	U006
14	t1402002	c005	U007
15	t1402003	c006	U006
16	t1402003	c007	U007
17	t1402004	c005	U006
18	t1402004	c008	U007
19	t1403001	c001	U006

圖 3-43 SQL 命令查詢結果

(3) 修改查詢結果中列標題。

命令基本格式為：select 表字段名 as 顯示字段名 from 表名

例 11 查詢員工信息表的員工編號、姓名和工資，例標題顯示為員工編號、姓名、工資，查詢結果如圖 3-44 所示。

select uid as '員工編號', name as '姓名', job as '工資' from user_info

	員工編號	姓名	工資
1	U001	王明	經理
2	U002	楊帆	人事
3	U003	楊莉	會計
4	U004	周玉云	會計
5	U005	陳平	物流調度
6	U006	李林	司機
7	U007	代剛	司機

圖 3-44 SQL 命令查詢結果

例 12 查詢工資表，例標題顯示為員工編號、基本工資、社保、公積金，查詢結果如圖 3-45 所示。

select uid as '員工編號', salary as '工資', security as '社保', pub_funds as '公積金' from pay_info

	員工編號	工資	社保	公積金
1	U001	5100.00	318.00	400.00
2	U002	3700.00	227.00	400.00
3	U003	1800.00	227.00	400.00
4	U005	2800.00	227.00	400.00
5	U006	4500.00	227.00	400.00
6	U001	5100.00	318.00	400.00
7	U002	3700.00	227.00	400.00
8	U003	1800.00	227.00	400.00
9	U005	2800.00	227.00	400.00
10	U006	4500.00	227.00	400.00
11	U001	5100.00	318.00	400.00
12	U002	3700.00	227.00	400.00
13	U003	1800.00	227.00	400.00
14	U005	2800.00	227.00	400.00
15	U006	4500.00	227.00	400.00
16	U001	5100.00	318.00	400.00
17	U002	3700.00	227.00	400.00

圖 3-45 SQL 命令查詢結果

第三章 數據庫操作

（4）替換查詢結果中的數據。

命令基本格式為：select 字段 case when then end from 表名

例 13 查詢員工工資信息表，如果工資大於 5000，顯示「工資高」，3000～5000 顯示「工資中等」，3000 以下顯示「工資低」，查詢結果如圖 3-46 所示。

select pid，uid，salary = case

when salary>5000 then '工資高'

when salary>3000 and salary<5000 then '工資中等'

when salary<3000 then '工資低'

end，security，pub_funds

from pay_info

	pid	uid	salary	security	pub_funds
1	P1306001	U001	工資高	318.00	400.00
2	P1306002	U002	工資中等	227.00	400.00
3	P1306003	U003	工資低	227.00	400.00
4	P1306005	U005	工資低	227.00	400.00
5	P1306006	U006	工資中等	227.00	400.00
6	P1307001	U001	工資高	318.00	400.00
7	P1307002	U002	工資中等	227.00	400.00
8	P1307003	U003	工資低	227.00	400.00
9	P1307005	U005	工資低	227.00	400.00
10	P1307006	U006	工資中等	227.00	400.00
11	P1308001	U001	工資高	318.00	400.00
12	P1308002	U002	工資中等	227.00	400.00
13	P1308003	U003	工資低	227.00	400.00
14	P1308005	U005	工資低	227.00	400.00
15	P1308006	U006	工資中等	227.00	400.00
16	P1309001	U001	工資高	318.00	400.00

圖 3-46 SQL 命令查詢結果

（5）查詢經過計算的值。

命令基本格式為：select 計算表達式 from table

例 14 計算基本工資減去社保之後的結余數，查詢結果如圖 3-47 所示。

select '余額'=salary-security from pay_info

	余额
1	4782.00
2	3473.00
3	1573.00
4	2573.00
5	4273.00
6	4782.00
7	3473.00
8	1573.00
9	2573.00
10	4273.00
11	4782.00
12	3473.00
13	1573.00
14	2573.00
15	4273.00
16	4782.00

圖 3-47　SQL 命令查詢結果

3.4.2　查詢簡單行

對數據庫行的查詢主要包括消除結果集中的重複行、限制結果集的返回行數以及查詢滿足條件的行。

（1）消除結果集中的重複行。根據需求有些時候在查詢過程中需要將查詢結果中的重複行消除，使用關鍵字 distinct。

例 15　查詢公司員工的職位有哪些，查詢結果如圖 3-48 所示。

select distinct job from user_info

	job
1	会计
2	经理
3	人事
4	司机
5	物流调度

圖 3-48　SQL 命令查詢結果

例 16　查詢運輸起始地，消除重複行，查詢結果如圖 3-49 所示。

select distinct startloc from tran_info

第三章　數據庫操作

	startloc
1	北京
2	成都
3	福州
4	廣州
5	杭州
6	合肥
7	拉薩
8	南昌
9	南京
10	青島
11	上海
12	深圳
13	天津
14	武漢
15	西安
16	西寧

圖 3-49　SQL 命令查詢結果

（2）限制結果集的返回行數。如果需要查詢的數據行數比較多，而且我們只關心這個表的前面多少行，可以使用 top 限制查詢顯示結果。

例 17　查詢公司資金信息表，返回前 20 行內容，查詢結果如圖 3-50 所示。
select top 10 * from asset_info

	asid	uid	payout	payoutnum	income	incomenum	assetdate
1	a1306001	U003	社保	89.00	運費	489.00	2013-06-20
2	a1306002	U003	員工工資	66.00	運費	221.00	2013-06-25
3	a1306003	U007	無	0.00	運費	45646.00	2013-06-26
4	a1307001	U004	員工工資	55555.00	運費	414.00	2013-07-02
5	a1307002	U006	油費	9669.00	運費	79871.00	2013-07-06
6	a1307003	U002	獎金	45646.00	運費	456.00	2013-07-10
7	a1307004	U006	員工工資	414.00	運費	56.00	2013-07-24
8	a1308001	U001	員工工資	79871.00	運費	5666.00	2013-08-02
9	a1308002	U002	社保	79871.00	運費	89.00	2013-08-13
10	a1308003	U003	無	0.00	運費	66.00	2013-08-24

圖 3-50　SQL 命令查詢結果

例 18　查詢車輛運輸信息，返回前 10% 內容，查詢結果如圖 3-51 所示。
select top 10 percent * from cartran

	tid	cid	uid
1	t1401001	c001	U006
2	t1401001	c003	U007
3	t1401002	c003	U006
4	t1401003	c004	U006
5	t1401003	c006	U007
6	t1401004	c007	U006
7	t1401004	c009	U007

圖 3-51　SQL 命令查詢結果

3.4.3 條件查詢

查詢滿足條件的行，可以使用 where 語句限定查詢的條件。where 語句可以是邏輯運算符、比較運算符、指定一個範圍、確定是否在一個集合裡、字符匹配、空值比較。

（1）where 語句后可以使用邏輯運算符：and，or，not。not 是取反的意思，和所列條件正好相反；and 是並且的意思，表示兩個條件同時需要滿足；or 是或者關係，兩個條件只要有一個滿足即可。邏輯運算結果表如表 3-4 所示。

表 3-4　　　　　　　　　　邏輯運算結果表

X	Y	XandY	XorY
True	True	True	True
False	True	False	True
True	False	False	True
False	False	False	False

例 19　查詢不是男性的員工信息，查詢結果如圖 3-52 所示。

select ＊ from user_info where not sex='男'

圖 3-52　SQL 命令查詢結果

例 20　員工信息表中查詢男性並且職位為物流調度的所有人的全部信息，查詢結果如圖 3-53 所示。

select ＊ from user_info where sex='男' and job='物流調度'

圖 3-53　SQL 命令查詢結果

例 21　查詢載重超過 3 噸，或者價格低於 250 的車輛信息，查詢結果如圖 3-54 所示。

select ＊ from　car_info where loads>3 or price<250

第三章　數據庫操作

	cid	loads	price
1	c001	4	240.00
2	c003	4	250.00
3	c004	8	210.00
4	c006	5	230.00
5	c007	6	230.00
6	c008	8	220.00
7	c009	10	200.00
8	c010	6	220.00

圖 3-54　SQL 命令查詢結果

例 22　查詢由 U003 操作的資金單，並且支出為公積金，且資金大於 1000 的信息，查詢結果如圖 3-55 所示。

select ＊ from　asset_info

where uid＝'U003' and payout＝'公積金' and payoutnum>1000

	asid	uid	payout	payoutnum	income	incomenum	assetdate
1	a1310002	U003	公积金	5686.00	运费	363.00	2013-10-19

圖 3-55　SQL 命令查詢結果

（2）where 語句后可以使用比較運算符，包括：＝、<、<＝、>、>＝、<>、!＝、!<、!>。

例 23　查詢 2013 年 6 月，U001 號員工的工資、社保和住房公積金（Pid 為日期和 uid 號組合），查詢結果如圖 3-56 所示。

select salary，security，pub_funds from pay_info where pid＝'p1306001'

	salary	security	pub_funds
1	5100.00	318.00	400.00

圖 3-56　SQL 命令查詢結果

例 24　查詢員工生日小於 1980 年 1 月 1 日的員工信息，查詢結果如圖 3-57 所示。

select ＊ from　user_info where birthday＜'1980-1-1'

	uid	name	sex	birthday	entryday	job
1	U001	王明	男	1972-11-24	2013-06-01	经理
2	U006	李林	男	1965-05-12	2013-06-01	司机
3	U007	代刚	男	1977-06-12	2013-09-01	司机

圖 3-57　SQL 命令查詢結果

數據庫管理與應用

例 25　查詢 2013 年 12 月 28 日支付的基本工資大於 3000 的工資信息，查詢結果如圖 3-58 所示。

select * from pay_info where salary>3000 and paydate='2013-12-28'

	pid	uid	salary	security	pub_funds	bonus	tax	deduction	paydate
1	P1312001	U001	5100.00	318.00	400.00	1000.00	238.00	0.00	2013-12-28
2	P1312002	U002	3700.00	227.00	400.00	200.00	128.00	0.00	2013-12-28
3	P1312006	U006	4500.00	227.00	400.00	500.00	226.00	0.00	2013-12-28
4	P1312007	U007	3800.00	227.00	400.00	400.00	139.00	0.00	2013-12-28

圖 3-58　SQL 命令查詢結果

例 26　查詢運輸信息中起始地是成都，終點是上海的運單信息，查詢結果如圖 3-59 所示。

select * from tran_info where startloc='成都' and stoploc='上海'

	tid	startdate	startloc	stopdate	stoploc
1	t1310002	2013-10-19	成都	2013-10-21	上海
2	t1401001	2014-01-08	成都	2014-01-12	上海

圖 3-59　SQL 命令查詢結果

（3）where 語句后可以使用 between 和 not between，用於判斷是否在一個範圍。

例 27　查詢 2013 年 8 月 1 日到 2013 年 12 月 1 日入職的員工信息，查詢結果如圖 3-60 所示。

select * from user_info where entryday between '2013-8-1' and '2013-12-1'

	uid	name	sex	birthday	entryday	job
1	U004	周玉云	女	1990-07-09	2013-09-01	会计
2	U007	代剛	男	1977-06-12	2013-09-01	司机

圖 3-60　SQL 命令查詢結果

例 28　查詢工資單中，2013 年 9 月 28 號支付，獎金不在 300～500 範圍的工資單信息，查詢結果如圖 3-61 所示。

select * from pay_info
where paydate='2013-9-28' and bonus not between 300 and 500

	pid	uid	salary	security	pub_funds	bonus	tax	deduction	paydate
1	P1309002	U002	3700.00	227.00	400.00	200.00	128.00	0.00	2013-09-28
2	P1309003	U003	1800.00	227.00	400.00	200.00	0.00	0.00	2013-09-28
3	P1309004	U004	1500.00	227.00	400.00	100.00	0.00	0.00	2013-09-28
4	P1309005	U005	2800.00	227.00	400.00	100.00	69.00	0.00	2013-09-28
5	P1309006	U006	4500.00	227.00	400.00	100.00	226.00	0.00	2013-09-28
6	P1309007	U007	3800.00	227.00	400.00	100.00	139.00	0.00	2013-09-28

圖 3-61　SQL 命令查詢結果

第三章　數據庫操作

（4）where 語句后可以使用 in 和 not in，用於判斷是否在一個集合內。

例 29　查詢員工中職位為物流調度和司機的員工基本信息，查詢結果如圖 3-62 所示。

select * from user_info where job in ('物流調度', '司機');

圖 3-62　SQL 命令查詢結果

例 30　查詢汽車載重量不是 2 噸、4 噸、8 噸的車輛信息，查詢結果如圖 3-63 所示。

select * from car_info where loads not in （2，4，8）

圖 3-63　SQL 命令查詢結果

（5）where 語句后可以使用 like 和 not like，用於進行字符匹配，通配符含義如表 3-5 所示。

表 3-5　　　　　　　　　　通配符含義表

通配符	含義
_ 下劃線	任何單個字符（如 a_c 表示以 a 開頭 c 結尾長度為 3 的字符串）
% 百分號	包含 0 個或多個字符的任意字符串（如 a%c 表示以 a 開頭 c 結尾任意長度的字符串）
[ ]	在指定範圍（如 [a-f] 或 [abcdef] 內的任何單個字符）
[^]	不在指定範圍（如 [^a-f] 或 [^abcdef] 內的任何單個字符）

例 31　在員工信息表中查詢姓楊的員工信息，查詢結果如圖 3-64 所示。

select * from user_info where name like '楊%'

圖 3-64　SQL 命令查詢結果

71

例 32　查詢 20 世紀 80 年代出生的員工信息，查詢結果如圖 3-65 所示。

select * from user_info where birthday like '198_-__-__'

	uid	name	sex	birthday	entryday	job
1	U002	楊帆	男	1982-08-11	2013-06-01	人事
2	U003	楊莉	女	1988-11-02	2013-06-01	會計
3	U005	陳平	男	1982-10-01	2013-06-01	物流調度

圖 3-65　SQL 命令查詢結果

（6）where 語句後可以使用 is null 和 is not null 進行空值比較。

例 33　查詢沒有分配職位的員工信息。

select * from user_info where job is null

例 34　查詢資金表中收入項為 null 的資金項，查詢結果如圖 3-66 所示。

select * from asset_info where income is NULL

	asid	uid	payout	payoutnum	income	incomenum	assetdate
1	a1403004	U001	油費	7488.00	NULL	0.00	2014-03-19
2	a1405007	U005	油費	56.00	NULL	0.00	2014-05-27

圖 3-66　SQL 命令查詢結果

3.4.4　聚合函數

查詢語句中可以使用數據庫管理系統提供的聚合函數，包括：SUM( )、AVG( )、MIN( )、MAX( )、COUNT( )，括號內可以是一個字段名，也可以是 * 號，* 號表示所有行，sum 表示對字段求和，avg 表示對字段求平均，min 表示對該字段求最小，max 表示對該字段求最大，count 表示計數，累加條數。

（1）Count 表示計數，累加條數。

例 35　查詢一共有多少名員工，查詢結果如圖 3-67 所示。

select 員工=count（*）from user_info

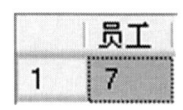

員工
1	7

圖 3-67　SQL 命令查詢結果

例 36　統計有多少名司機，查詢結果如圖 3-68 所示。

select 司機=count（*）from user_info where job='司機'

第三章　數據庫操作

司机
1　2

圖 3-68　SQL 命令查詢結果

例 37　查詢 U001 號員工入職以來已經領了多少次工資，查詢結果如圖 3-69 所示。

select 次數＝count（＊）from pay_info where uid＝' U001 '

次數
1　13

圖 3-69　SQL 命令查詢結果

例 38　查詢公司資金表中一共有多少次運費收入項，查詢結果如圖 3-70 所示。

select 次數＝count（＊）from asset_info where income＝'運費'

次數
1　46

圖 3-70　SQL 命令查詢結果

（2）Sum 表示對字段求和。

例 39　求 2013 年 12 月 28 日，公司一共支付給員工多少基本工資、社保和公積金，查詢結果如圖 3-71 所示。

select 工資＝sum（salary），社保＝sum（security），公積金＝sum（pub_funds）from pay_info where paydate＝' 2013－12－28 '

	工资	社保	公积金
1	23200.00	1680.00	2800.00

圖 3-71　SQL 命令查詢結果

例 40　查詢公司全年一共為員工支付了多少獎金，扣除了多少錢，查詢結果如圖 3-72 所示。

select 獎金＝sum（bonus），扣除＝sum（deduction）　　from pay_info

	奖金	扣除
1	29000.00	1500.00

圖 3-72　SQL 命令查詢結果

73

數據庫管理與應用

例41　查詢公司所有車輛的總共能載重多少噸，查詢結果如圖 3-73 所示。
select 載重＝sum（loads）from car_info

	載重
1	54

圖 3-73　SQL 命令查詢結果

（3）avg 求字段的平均值，max 求字段的最大值，min 求字段的最小值。

例42　查詢公司 2014 年 1 月 28 日，支付的平均工資、最大工資、最小工資，查詢結果如圖 3-74 所示。
select 平均工資＝avg(salary)，最大工資＝max(salary)，最小工資＝min（salary）from pay_info

	平均工資	最大工資	最小工資
1	3509.4117	5500.00	1500.00

圖 3-74　SQL 命令查詢結果

例43　查詢公司汽車的平均載重量、最大載重量和最小載重量，查詢結果如圖 3-75 所示。
select 平均載重＝avg（loads），最大載重＝max（loads），最小載重＝min（loads）from car_info

	平均載重	最大載重	最小載重
1	5	10	1

圖 3-75　SQL 命令查詢結果

3.4.5　分組查詢

Where 語句后可以使用 group by 子語句，將查詢的結果按照指定的分組依據列或者表達式值相同的為一組進行分組，使用分組子語句時通常都已使用聚合函數進行了統計分析。

例44　查詢每個員工的平均工資，查詢結果如圖 3-76 所示。
select uid，平均工資＝avg（salary）from pay_info group by uid

第三章　數據庫操作

	uid	平均工資
1	U001	5284.6153
2	U002	3838.4615
3	U003	1984.6153
4	U004	1500.00
5	U005	2984.6153
6	U006	4638.4615
7	U007	3980.00

圖 3-76　SQL 命令查詢結果

例 45　查詢每個員工的平均社保、平均公積金和所領最大獎金，查詢結果如圖 3-77 所示。

select uid，平均社保＝avg（security），平均公積金＝avg（pub_funds），最大獎金＝max（bonus）from pay_info group by uid

	uid	平均社保	平均公積金	最大獎金
1	U001	336.4615	492.3076	1000.00
2	U002	240.3846	492.3076	800.00
3	U003	240.3846	492.3076	600.00
4	U004	244.40	520.00	300.00
5	U005	240.3846	492.3076	600.00
6	U006	240.3846	492.3076	500.00
7	U007	244.40	520.00	400.00

圖 3-77　SQL 命令查詢結果

例 46　查詢每個月份支付的工資總額和獎金總額，查詢結果如圖 3-78 所示。

select paydate，工資總額＝sum（salary），獎金總額＝sum（bonus）from pay_info group by paydate

	paydate	工資總額	獎金總額
1	2013-06-28	17900.00	1000.00
2	2013-07-28	17900.00	1000.00
3	2013-08-28	17900.00	1200.00
4	2013-09-28	23200.00	1200.00
5	2013-10-28	23200.00	1400.00
6	2013-11-28	23200.00	1600.00
7	2013-12-28	23200.00	3000.00
8	2014-01-28	25300.00	2900.00
9	2014-02-28	25300.00	3000.00
10	2014-03-28	25300.00	2800.00
11	2014-04-28	25300.00	3300.00
12	2014-05-28	25300.00	3700.00
13	2014-06-28	25300.00	2900.00

圖 3-78　SQL 命令查詢結果

例47 查詢每個員工負責的運費收入總和，查詢結果如圖3-79所示。
select uid，運費收入=sum（incomenum）from asset_info group by uid

	uid	运费收入
1	U001	20567.00
2	U002	255253.00
3	U003	37727.00
4	U004	59524.00
5	U005	29531.00
6	U006	88913.00
7	U007	46388.00

圖3-79　SQL命令查詢結果

例48 查詢每項的支出總和，查詢結果如圖3-80所示。
select payout，支出總和=SUM（payoutnum）from asset_info group by payout

	payout	支出总和
1	NULL	0.00
2	公积金	83025.00
3	奖金	168351.00
4	社保	82529.00
5	油费	144142.00
6	员工工资	269846.00
7	员工奖金	92525.00

圖3-80　SQL命令查詢結果

例49 查詢每個司機出車的次數，查詢結果如圖3-81所示。
select uid，count（*）from cartran group by uid

	uid	次数
1	U006	37
2	U007	30

圖3-81　SQL命令查詢結果

例50 查詢每個車出勤的次數，查詢結果如圖3-82所示。
select cid，次數=count（*）from cartran group by cid

	cid	次数
1	c001	5
2	c002	5
3	c003	12
4	c004	8
5	c005	6
6	c006	8
7	c007	7
8	c008	5
9	c009	5
10	c010	6

圖3-82　SQL命令查詢結果

3.4.6 對查詢結果排序

Where 語句後可以接 order by 子語句進行排序，查詢的結果依次按照該子句所指定的列進行升序（ASC）或者降序（DESC）排列，如果指定了多個列，將首先按照第一列進行排序，第一列的值相同，再按照第二列進行排序，以此類推。

例 51 查詢 2013 年 12 月 28 日，發放工資情況，並且按工資從高到低降序排序，查詢結果如圖 3-83 所示。

select * from pay_info where paydate='2013-12-28' order by salary DESC

	pid	uid	salary	security	pub_funds	bonus	tax	deduction	paydate
1	P1312001	U001	5100.00	318.00	400.00	1000.00	238.00	0.00	2013-12-28
2	P1312006	U006	4500.00	227.00	400.00	500.00	226.00	0.00	2013-12-28
3	P1312007	U007	3800.00	227.00	400.00	400.00	139.00	0.00	2013-12-28
4	P1312002	U002	3700.00	227.00	400.00	200.00	128.00	0.00	2013-12-28
5	P1312005	U005	2800.00	227.00	400.00	600.00	69.00	100.00	2013-12-28
6	P1312003	U003	1800.00	227.00	400.00	200.00	0.00	0.00	2013-12-28
7	P1312004	U004	1500.00	227.00	400.00	100.00	0.00	0.00	2013-12-28

圖 3-83　SQL 命令查詢結果

例 52 查詢每個車出勤的次數，按從低到高升序排序，查詢結果如圖 3-84 所示。

select cid，次數=count（*）from cartran group by cid order by 次數

	cid	次數
1	c001	5
2	c002	5
3	c008	5
4	c009	5
5	c010	6
6	c005	6
7	c007	7
8	c004	8
9	c006	8
10	c003	12

圖 3-84　SQL 命令查詢結果

例 53 查詢 U001 工資信息，按獎金降序排序，再按稅收升序排序，查詢結果如圖 3-85 所示。

select * from pay_info where uid='U001' order by bonus DESC，tax asc

	pid	uid	salary	security	pub_funds	bonus	tax	deduction	paydate
1	P1312001	U001	5100.00	318.00	400.00	1000.00	238.00	0.00	2013-12-28
2	P1405001	U001	5500.00	358.00	600.00	1000.00	319.00	0.00	2014-05-28
3	P1404001	U001	5500.00	358.00	600.00	800.00	319.00	200.00	2014-04-28
4	P1406001	U001	5500.00	358.00	600.00	500.00	319.00	100.00	2014-06-28
5	P1401001	U001	5500.00	358.00	600.00	500.00	319.00	0.00	2014-01-28
6	P1402001	U001	5500.00	358.00	600.00	500.00	319.00	0.00	2014-02-28
7	P1403001	U001	5500.00	358.00	600.00	500.00	319.00	0.00	2014-03-28
8	P1306001	U001	5100.00	318.00	400.00	300.00	238.00	0.00	2013-06-28
9	P1307001	U001	5100.00	318.00	400.00	300.00	238.00	0.00	2013-07-28
10	P1308001	U001	5100.00	318.00	400.00	300.00	238.00	0.00	2013-08-28
11	P1309001	U001	5100.00	318.00	400.00	300.00	238.00	0.00	2013-09-28
12	P1310001	U001	5100.00	318.00	400.00	300.00	238.00	100.00	2013-10-28
13	P1311001	U001	5100.00	318.00	400.00	300.00	238.00	0.00	2013-11-28

圖 3-85　SQL 命令查詢結果

3.5　多表查詢

前面章節所介紹的內容為單表查詢，查詢只涉及一張表，而往往在現實中，實際查詢需要涉及多張表，從多個表中獲取需要的數據，當查詢涉及多個表的時候，就是多表查詢。多表查詢有三種方式，包括連接查詢、集合查詢和嵌套查詢。

3.5.1　連接查詢

連接查詢的基本格式如下：
select［all | distinct］<目標列表達式>［,<目標列表達式>］…
from <表名 1>［,<表名 2>］…
［where<條件表達式>］
Where 子句中用來連接兩個表的條件稱為連接條件或連接謂詞。
一般格式為：［<表名 1>.］<列名 1> <比較運算符>［<表名 2>.］<列名 2>
連接查詢主要有條件連接和自身連接兩種。
（1）條件連接
例 1　查詢員工的編號、姓名、職位以及 2013 年 12 月 28 日的工資、社保和公積金，查詢結果如圖 3-86 所示。
select user_info. uid, name, job, salary, security, pub_funds
from user_info, pay_info
where user_info. uid = pay_info. uid and paydate = ' 2013-12-28 '
例 2　查詢男性員工 2013 年 11 月 28 日獎金和扣除情況，查詢結果如圖 3-87 所示。

第三章 數據庫操作

	uid	name	job	salary	security	pub_funds
1	U001	王明	经理	5100.00	318.00	400.00
2	U002	杨帆	人事	3700.00	227.00	400.00
3	U003	杨莉	会计	1800.00	227.00	400.00
4	U004	周玉云	会计	1500.00	227.00	400.00
5	U005	陈平	物流调度	2800.00	227.00	400.00
6	U006	李林	司机	4500.00	227.00	400.00
7	U007	代刚	司机	3800.00	227.00	400.00

圖 3-86　SQL 命令查詢結果

select user_info. uid，sex，name，pub_funds，deduction，paydate
from user_info，pay_info
where user_info. uid=pay_info. uid and paydate='2013-10-28' and sex='男'

	uid	sex	name	pub_funds	deduction	paydate
1	U001	男	王明	400.00	100.00	2013-10-28
2	U002	男	杨帆	400.00	0.00	2013-10-28
3	U005	男	陈平	400.00	0.00	2013-10-28
4	U006	男	李林	400.00	0.00	2013-10-28
5	U007	男	代刚	400.00	0.00	2013-10-28

圖 3-87　SQL 命令查詢結果

例 3　查詢由楊莉操作的資金單，查詢結果如圖 3-88 所示。
select name，asid，payout，payoutnum，income，incomenum，assetdate
from asset_info，user_info
where asset_info. uid=user_info. uid and name='楊莉'

	name	asid	payout	payoutnum	income	incomenum	assetdate
1	杨莉	a1306001	社保	89.00	运费	489.00	2013-06-20
2	杨莉	a1306002	员工工资	66.00	运费	221.00	2013-06-25
3	杨莉	a1308003	NULL	0.00	运费	66.00	2013-08-24
4	杨莉	a1310001	油费	56856.00	运费	9669.00	2013-10-01
5	杨莉	a1310002	公积金	5686.00	运费	363.00	2013-10-19
6	杨莉	a1404003	社保	1376.00	运费	26896.00	2014-04-24
7	杨莉	a1405006	员工工资	79871.00	运费	23.00	2014-05-26

圖 3-88　SQL 命令查詢結果

例 4　查詢運單號 t1401001 的基本信息，以及執行該運單的車輛的基本信息，查詢結果如圖 3-89 所示。
select tran_info. tid，startdate，startloc，stopdate，stoploc，

79

car_info. cid, loads, price

from tran_info, car_info, cartran where car_info. cid = cartran. cid

and tran_info. tid = cartran. tid and tran_info. tid = ' t1401001 '

	tid	startdate	startloc	stopdate	stoploc	cid	loads	price
1	t1401001	2014-01-08	成都	2014-01-12	上海	c001	4	240.00
2	t1401001	2014-01-08	成都	2014-01-12	上海	c003	4	250.00

圖 3-89 SQL 命令查詢結果

例 5 查詢執行運單 t1401002 的 C003 號車的運載重量和運費情況，查詢結果如圖 3-90 所示。

select tran_info. tid, car_info. cid, loads, price

from tran_info, car_info, cartran where car_info. cid = cartran. cid

and tran_info. tid = cartran. tid and tran_info. tid = ' t1401002 ' and car_info. cid = ' C003'

	tid	cid	loads	price
1	t1401002	c003	4	250.00

圖 3-90 SQL 命令查詢結果

（2）自身連接

例 6 查詢和楊莉一個職位的員工的信息，查詢結果如圖 3-91 所示。

select * from user_info a, user_info b where a. job = b. job and a. name = '楊莉' and a. uid <> b. uid

	uid	name	sex	birthday	entryday	job	uid	name	sex	birthday	entryday	job
1	U003	楊莉	女	1988-11-02	2013-06-01	會計	U004	周玉雲	女	1990-07-09	2013-09-01	會計

圖 3-91 SQL 命令查詢結果

例 7 查詢同一個職位的其他人的基本信息，查詢結果如圖 3-92 所示。

select * from user_info a, user_info b where a. job = b. job and a. uid <> b. uid

	uid	name	sex	birthday	entryday	job	uid	name	sex	birthday	entryday	job
1	U003	楊莉	女	1988-11-02	2013-06-01	會計	U004	周玉雲	女	1990-07-09	2013-09-01	會計
2	U004	周玉雲	女	1990-07-09	2013-09-01	會計	U003	楊莉	女	1988-11-02	2013-06-01	會計
3	U006	李林	男	1965-05-12	2013-06-01	司機	U007	代剛	男	1977-06-12	2013-09-01	司機
4	U007	代剛	男	1977-06-12	2013-09-01	司機	U006	李林	男	1965-05-12	2013-06-01	司機

圖 3-92 SQL 命令查詢結果

3.5.2 集合查詢

Select 語句查詢的結果是一個集合，可以將多個 select 語句得到的結果集合進行

第三章 數據庫操作

並、交、差的運算，這種查詢類似與集合操作，需要多次查詢的結果集具有相同的列。

（1）並操作（Union）

例 8 查詢司機和物流調度職位員工的基本信息，查詢結果如圖 3-93 所示。

select ＊ from user_info where job＝'司機'

union select ＊ from user_info where job＝'物流調度'

圖 3-93　SQL 命令查詢結果

例 9 查詢 2013 年 12 月 28 日，工資大於 5000 或者獎金大於 500 的工資條信息，查詢結果如圖 3-94 所示。

select ＊ from pay_info where salary>5000 and paydate＝'2013-12-28'

union select ＊ from pay_info where bonus>500 and paydate＝'2013-12-28'

圖 3-94　SQL 命令查詢結果

（2）交操作（intersect）

例 10 查詢男性並且為司機的員工基本信息，查詢結果如圖 3-95 所示。

select ＊ from user_info where sex＝'男'

intersect

select ＊ from user_info where job＝'司機'

圖 3-95　SQL 命令查詢結果

例 11 查詢工資大於 5000，並且獎金大於 500 的工資記錄信息，查詢結果如圖 3-96 所示。

select ＊ from pay_info where salary>5000

intersect

select ＊ from pay_info where bonus>500

	pid	uid	salary	security	pub_funds	bonus	tax	deduction	paydate
1	P1312001	U001	5100.00	318.00	400.00	1000.00	238.00	0.00	2013-12-28
2	P1404001	U001	5500.00	358.00	600.00	800.00	319.00	200.00	2014-04-28
3	P1405001	U001	5500.00	358.00	600.00	1000.00	319.00	0.00	2014-05-28

圖 3-96　SQL 命令查詢結果

(3) 差操作（except）

例 12　查詢性別為男，並且職位不是司機的員工信息的差集，查詢結果如圖 3-97 所示。

select * from user_info where sex='男'

except

select * from user_info where job='司機'

	uid	name	sex	birthday	entryday	job
1	U001	王明	男	1972-11-24	2013-06-01	经理
2	U002	杨帆	男	1982-08-11	2013-06-01	人事
3	U005	陈平	男	1982-10-01	2013-06-01	物流调度

圖 3-97　SQL 命令查詢結果

例 13　查詢運單中，出發地是成都，結束地不是武漢的運單信息，查詢結果如圖 3-98 所示。

select * from tran_info where startloc='成都'

except

select * from tran_info where stoploc='武漢'

	tid	startdate	startloc	stopdate	stoploc
1	t1306001	2013-06-19	成都	2013-06-25	南昌
2	t1307003	2013-07-14	成都	2013-07-16	贵阳
3	t1307004	2013-07-18	成都	2013-07-24	乌鲁木齐
4	t1307005	2013-07-19	成都	2013-07-25	乌鲁木齐
5	t1308002	2013-08-20	成都	2013-08-25	天津
6	t1310002	2013-10-19	成都	2013-10-21	上海
7	t1311002	2013-11-10	成都	2013-11-11	贵阳
8	t1312002	2013-12-20	成都	2013-12-21	南京
9	t1401001	2014-01-08	成都	2014-01-12	上海
10	t1401002	2014-01-11	成都	2014-01-11	贵阳
11	t1402002	2014-02-13	成都	2014-02-16	天津
12	t1403002	2014-03-06	成都	2014-03-12	沈阳
13	t1404004	2014-04-18	成都	2014-04-24	乌鲁木齐

圖 3-98　SQL 命令查詢結果

3.5.3　嵌套查詢

在 SQL 中，將一個查詢塊嵌套在另外一個查詢塊 where 語句中的條件稱為嵌套查詢，此時嵌入到 where 語句的條件查詢稱為子查詢或內層查詢，而包含子查詢的

第三章　數據庫操作

語句稱為父查詢或者外層查詢。SQL 中支持多層嵌套查詢，其執行過程是由內向外的，子查詢的每一次執行結果都可以作為上一級父查詢判定元祖或計算是否滿足條件的子句。需要注意的是，子查詢的結果是用來表達父查詢條件的中間結果，並非最終結果，因此子查詢中不能使用 order by 子語句。

嵌套查詢包括三種：帶謂詞 in 的子查詢、帶比較運算符的子查詢、帶謂詞 exists 的子查詢。

（1）帶謂詞 in 的子查詢

例 14　查詢和代剛一個職位的其他人的基本信息。分析首先在員工信息表中查詢代剛的職位，然後再根據這個職位查詢員工的基本信息，查詢結果如圖 3-99 所示。

select ＊ from user_info
where job in （select job from user_info where name＝'代剛'）

	uid	name	sex	birthday	entryday	job
1	U006	李林	男	1965-05-12	2013-06-01	司機
2	U007	代剛	男	1977-06-12	2013-09-01	司機

圖 3-99　SQL 命令查詢結果

例 15　查詢姓楊的員工工資清單。首先查詢姓楊的員工的編號，然後再根據這個編號的信息查詢工資清單，查詢結果如圖 3-100 所示。

select ＊ from pay_info
where uid in （select uid from user_info where name like '楊%'）

	pid	uid	salary	security	pub_funds	bonus	tax	deduction	paydate
1	P1306002	U002	3700.00	227.00	400.00	200.00	128.00	0.00	2013-06-28
2	P1306003	U003	1800.00	227.00	400.00	200.00	0.00	100.00	2013-06-28
3	P1307002	U002	3700.00	227.00	400.00	200.00	128.00	0.00	2013-07-28
4	P1307003	U003	1800.00	227.00	400.00	200.00	0.00	0.00	2013-07-28
5	P1308002	U002	3700.00	227.00	400.00	300.00	128.00	100.00	2013-08-28
6	P1308003	U003	1800.00	227.00	400.00	200.00	0.00	0.00	2013-08-28
7	P1309002	U002	3700.00	227.00	400.00	200.00	128.00	0.00	2013-09-28
8	P1309003	U003	1800.00	227.00	400.00	200.00	0.00	0.00	2013-09-28
9	P1310002	U002	3700.00	227.00	400.00	200.00	128.00	0.00	2013-10-28
10	P1310003	U003	1800.00	227.00	400.00	300.00	0.00	0.00	2013-10-28
11	P1311002	U002	3700.00	227.00	400.00	200.00	128.00	0.00	2013-11-28
12	P1311003	U003	1800.00	227.00	400.00	200.00	0.00	0.00	2013-11-28
13	P1312002	U002	3700.00	227.00	400.00	200.00	128.00	0.00	2013-12-28
14	P1312003	U003	1800.00	227.00	400.00	200.00	0.00	0.00	2013-12-28
15	P1401002	U002	4000.00	256.00	600.00	500.00	149.00	0.00	2014-01-28
16	P1401003	U003	2200.00	256.00	600.00	500.00	57.00	0.00	2014-01-28
17	P1402002	U002	4000.00	256.00	600.00	500.00	149.00	0.00	2014-02-28
18	P1402003	U003	2200.00	256.00	600.00	600.00	57.00	0.00	2014-02-28
19	P1403002	U002	4000.00	256.00	600.00	400.00	149.00	100.00	2014-03-28
20	P1403003	U003	2200.00	256.00	600.00	500.00	57.00	0.00	2014-03-28
21	P1404002	U002	4000.00	256.00	600.00	500.00	149.00	0.00	2014-04-28
22	P1404003	U003	2200.00	256.00	600.00	600.00	57.00	0.00	2014-04-28
23	P1405002	U002	4000.00	256.00	600.00	800.00	149.00	0.00	2014-05-28
24	P1405003	U003	2200.00	256.00	600.00	500.00	57.00	0.00	2014-05-28
25	P1406002	U002	4000.00	256.00	600.00	500.00	149.00	0.00	2014-06-28
26	P1406003	U003	2200.00	256.00	600.00	500.00	57.00	200.00	2014-06-28

圖 3-100　SQL 命令查詢結果

例16 查詢執行運單號 t1401004 的車的基本信息。首先在車輛運輸關係表中根據運單號查詢汽車號，然后再在車輛信息表中根據車輛編號查詢車輛信息，查詢結果如圖 3-101 所示。

select * from car_info

where cid in（select cid from cartran where tid='t1401004'）

	cid	loads	price
1	c007	6	230.00
2	c009	10	200.00

圖 3-101　SQL 命令查詢結果

（2）帶比較運算符的子查詢

例17 查詢 2013 年 8 月之后入職的員工在 2014 年 1 月份的工資情況。首先在員工信息表中查詢楊莉的生日，其次再在員工信息表中查詢大於楊莉生日的員工編號，最后根據員工編號在工資信息表中查詢 2014 年 1 月工資信息，查詢結果如圖 3-102所示。

select * from pay_info where paydate='2014-1-28'

and uid=（select uid from user_info where birthday>（select birthday from user_info where name='楊莉'））

	pid	uid	salary	security	pub_funds	bonus	tax	deduction	paydate
1	P1401004	U004	1500.00	256.00	600.00	300.00	0.00	0.00	2014-01-28

圖 3-102　SQL 命令查詢結果

例18 查詢比平均工資高的員工的基本信息。首先在工資信息表中查詢平均工資，其次再在工資信息表中查詢大於平均工資的員工編號，最后在員工信息表中根據員工編號查詢滿足條件的員工基本信息，查詢結果如圖 3-103 所示。

select * from user_info where uid in

（select uid from pay_info where salary>

（select AVG（salary）from pay_info））

	uid	name	sex	birthday	entryday	job
1	U001	王明	男	1972-11-24	2013-06-01	經理
2	U002	楊帆	男	1982-08-11	2013-06-01	人事
3	U006	李林	男	1965-05-12	2013-06-01	司機
4	U007	代剛	男	1977-06-12	2013-09-01	司機

圖 3-103　SQL 命令查詢結果

例19 查詢 2013 年 9 月 28 日，比 U007 號員工工資還高的員工基本信息。首先在工資表中查詢 U007 號員工在 2013 年 9 月 28 日的工資，其次再在工資表中查詢

第三章　數據庫操作

比他工資高的員工編號，最后再從員工信息表中查詢這些員工的基本信息，查詢結果如圖3-104所示。

select * from user_info where uid in (

select uid from pay_info where salary>

（select salary from pay_info where uid='U007' and paydate='2013-9-28'））

	uid	name	sex	birthday	entryday	job
1	U001	王明	男	1972-11-24	2013-06-01	经理
2	U002	杨帆	男	1982-08-11	2013-06-01	人事
3	U006	李林	男	1965-05-12	2013-06-01	司机
4	U007	代刚	男	1977-06-12	2013-09-01	司机

圖3-104　SQL命令查詢結果

（3）帶謂詞exists的子查詢

例20　查詢有工資記錄的員工基本信息，查詢結果如圖3-105所示。

select * from user_info where exists

（select * from pay_info）

	uid	name	sex	birthday	entryday	job
1	U001	王明	男	1972-11-24	2013-06-01	经理
2	U002	杨帆	男	1982-08-11	2013-06-01	人事
3	U003	杨莉	女	1988-11-02	2013-06-01	会计
4	U004	周玉云	女	1990-07-09	2013-09-01	会计
5	U005	陈平	男	1982-10-01	2013-06-01	物流调度
6	U006	李林	男	1965-05-12	2013-06-01	司机
7	U007	代刚	男	1977-06-12	2013-09-01	司机

圖3-105　SQL命令查詢結果

例21　查詢沒有運輸記錄的員工信息，查詢結果如圖3-106所示。

select * from user_info where not exists

（select * from cartran where user_info.uid=cartran.uid）

	uid	name	sex	birthday	entryday	job
1	U001	王明	男	1972-11-24	2013-06-01	经理
2	U002	杨帆	男	1982-08-11	2013-06-01	人事
3	U003	杨莉	女	1988-11-02	2013-06-01	会计
4	U004	周玉云	女	1990-07-09	2013-09-01	会计
5	U005	陈平	男	1982-10-01	2013-06-01	物流调度

圖3-106　SQL命令查詢結果

85

第四章　數據庫管理

● 4.1　數據庫恢復

4.1.1　數據庫恢復概述

　　數據是數據庫系統中非常重要的資源，在數據庫系統中，採取了各種保護措施防止數據庫的完整性和安全性被破壞。但是，各種軟硬件故障、用戶的錯誤操作、用戶的惡意破壞等問題會影響數據庫中數據的正確性，甚至造成數據丟失、服務器崩潰等嚴重后果。因此，當故障發生后，數據庫管理系統必須具有把數據庫從錯誤狀態恢復到某一已知的正確狀態（也稱為一致狀態或完整狀態）的功能，即數據庫的恢復（Recover）。數據庫管理系統的恢復功能是否行之有效，不僅對系統的可靠程度起著決定性的作用，而且對系統的運行效率也有很大影響，是衡量數據庫管理系統性能優劣的重要指標之一。

4.1.2　數據庫故障類型

　　數據庫系統中有可能發生各種各樣的故障，大致可以劃分為以下幾類：
　　1. 事務故障
　　事務故障是指事務在執行過程中發生的故障。事故故障有些是預期的，可以通過事務程序本身發現並處理。如果故障發生，應用程序可以讓事務回滾，撤銷已經完成的操作，使數據庫恢復到正確狀態。事務故障更多的是非預期的，不能由事務程序進行處理。例如運算溢出、違反了完整性約束、並發事務發生死鎖而被選中撤

第四章　數據庫管理

銷該事務等。

發生事務故障時，事務對數據庫的操作沒有到達預期的終點，破壞了事務的原子性和一致性，數據庫可能處於不正確狀態。因此，數據庫管理系統必須提供某種恢復機制，撤銷該事務對數據庫已經做出的任何修改，使系統回到該事務發生前的狀態，這類恢復操作稱為事務撤銷。

2. 系統故障

系統故障主要是指在服務器運行過程中，突然發生硬件錯誤（例如 CPU 故障）、操作系統故障、DBMS 代碼錯誤、突然停電等原因造成的非正常中斷，致使整個系統停止運轉，所有事務全部中斷，內存緩衝區中的數據全部丟失，所有運行事務非正常終止。

系統故障的恢復需要區別對待，其中有些事務尚未提交完成，其恢復方法是強行撤銷所有未完成的事務；有些事務已經完成，但其數據部分可能還全部保留在內存緩衝區中，由於緩衝區數據的全部丟失，致使事務對數據庫修改的部分或全部丟失，也會使數據庫處於不一致狀態。因此，應將這些事務已經提交的結果重新寫入數據庫，系統重新啓動后，恢復子系統需要撤銷所有未完成的事務外，還需要重做所有已提交的事務，使數據庫恢復到一致狀態。

3. 介質故障

介質故障又稱為硬故障，是指例如磁盤損壞、磁頭碰撞、瞬時強磁場干擾、操作系統的某種潛在錯誤等引起的外存故障。這類故障比前兩類故障發生的可能性小得多，但破壞性最大。它將破壞數據庫或部分數據庫，並影響正在存取這部分數據的所有事務。對於介質故障，通常是將數據從建立的備份上先還原數據，然后重做自此時開始的所有成功事務，並將這些事務已經提交的結果重新寫入數據庫。

無論是哪種故障，對數據庫的影響有兩種可能性，一是數據庫本身被破壞；二是數據庫沒有被破壞，但數據可能不正確，這是由於事務的運行被非正常終止造成的。

4.1.3　數據庫恢復技術

恢復操作的基本原理就是冗余，即利用存儲在系統其他地方的冗余數據來重建數據庫中已經被破壞或者不正確的那部分數據。

建立冗余數據最常用的技術是數據轉儲和登記日誌文件。在一個數據庫系統中，這兩種方法通常是配合使用的。

1. 數據轉儲（Backup）

數據轉儲是指 DBA 定期將整個數據庫複製到磁帶或者另一個磁盤上保存起來的過程。這些備用的數據文本稱為后備副本或者后援副本。

當數據庫遭到破壞后可以將后備副本重新裝入，但重裝后備副本只能將數據庫恢復到轉儲時的狀態，要想恢復到故障發生時的狀態，還必須重新運行自轉儲以后

87

的所有更新事務。

2. 登記日誌文件（Logging）

（1）日誌文件的格式及內容

日誌文件是指用來記錄事務對數據庫的更新操作的文件，不同的數據庫系統採用的日誌文件格式並不完全一樣，主要有兩種格式：以記錄為單位的日誌文件和以數據塊為單位的日誌文件。

其中，以記錄為單位的日誌文件內容主要包括：

①各個事務的開始標記（BEGIN TRANSACTION）。

②各個事務的結束標記（COMMIT 或 ROLLBACK）。

③各個事務的所有更新操作。

以上均作為日誌文件中的一個日誌記錄（Log Record）。

以記錄為單位的日誌文件，每條日誌記錄的內容主要包括：

①事務標示（標明是哪個事務）。

②操作類型（插入、刪除或修改）。

③操作對象（記錄內部標示）。

④更新前的舊值（對插入操作而言，此項為空值）。

⑤更新后的新值（對刪除操作而言，此項為空值）。

以數據塊為單位的日誌文件，每條日誌記錄的內容主要包括：

①事務標示（標明是哪個事務）。

②被更新的數據塊。

（2）日誌文件的作用

日誌文件在數據庫恢復中擔當著非常重要的作用，可以歸納如下：

①進行事務故障恢復。

②進行系統故障恢復。

③協助后備副本進行介質故障恢復。

（3）登記日誌文件

為保證數據庫是可恢復的，登記日誌文件時必須遵循兩條基本原則：

①登記的次序嚴格按照並發事務執行的時間次序。

②必須先寫日誌文件，后寫數據庫。

4.1.4　數據庫鏡像

為了避免介質故障影響數據庫的可用性，許多數據庫管理系統提供了數據庫鏡像（Mirror）功能用於數據庫的恢復。所謂數據庫鏡像，即 DBMS 根據 DBA 的要求，自動把整個數據庫或者其中的關鍵數據複製到另一個磁盤上，當主數據庫更新時，DBMS 會自動把更新后的數據複製過去，DBMS 可以自動保證鏡像數據與主數據的

第四章　數據庫管理

一致性。當出現介質故障時，可由鏡像磁盤繼續提供數據庫的使用，同時 DBMS 自動利用鏡像磁盤數據進行數據庫的修復，不需要關閉系統和重裝數據庫副本；沒有出現故障時，數據庫鏡像還可以用於並發操作，即當一個用戶對數據庫加排他鎖修改數據時，其他用戶可以讀鏡像數據庫上的數據，而不必等待用戶釋放鎖。

由於數據庫鏡像是通過複製數據實現的，頻繁地複製數據自然會降低系統運行效率，因此，在實際應用中，用戶往往只選擇對關鍵數據和日誌文件進行鏡像，而不是對整個數據庫進行鏡像。

4.2 數據庫並發控製

4.2.1 數據庫並發控製概述

數據資源共享是數據庫的最大特點之一，它可以允許多個用戶使用。當多個用戶同時存取同一數據的時候，如果對這些並發事務不加控製，就可能存取和存儲不正確的數據，最終破壞數據的一致性和完整性。因此，為了保證數據庫中數據的一致性，DBMS 必須對並發執行的事務之間的相互作用加以控製，這也是數據庫管理系統中並發機製的責任，並發控製機製也是衡量數據庫管理系統性能的重要指標之一。

並發操作如果控製不好，會帶來以下幾個問題：

1. 丟失更新（Lost Update）

當事務 T1 和事務 T2 從數據庫中讀入同一數據做修改並發執行時，T2 把 T1 或者 T1 把 T2 的修改結果覆蓋掉，造成了數據的丟失更新問題，會導致數據的不一致。如表 4-1 所示。

表 4-1　　　　　　　　　　丟失更新示例

時間	事務 T1	數據庫中 D 的值	事務 T2
t0		500	
t1	檢索 D		
t2			檢索 D
t3	D=D-100		
t4			D=D-200
t5	寫回 D		
t6		400	寫回 D
t7		300	

2. 讀「臟」數據（Dirty Read）

事務 T1 更新了數據 D，事務 T2 讀取了更新后的數據 D，事務 T1 由於某種原因被撤銷，T1 修改的值恢復原值，這樣事務 T2 得到的數據就與數據庫的內容不一致，是「臟」數據，這種情況稱為讀「臟」數據。如表 4-2 所示。

表 4-2　　　　　　　　　　讀「臟」數據示例

時間	事務 T1	數據庫中 D 的值	事務 T2
t0		500	
t1	檢索 D		
t2	D=D-100		
t3	寫回 D		
t4		400	檢索 D
t5	回滾		
t6		500	

3. 不可重複讀（Unrepeatable Read）

事務 T1 讀取了數據 D，事務 T2 讀取並且更新了數據 D，當事務 T1 再一次讀取數據 D 時，兩次讀取值不一致，這種情況稱為「不可重複讀」。如表 4-3 所示。

表 4-3　　　　　　　　　　不可重複讀示例

時間	事務 T1	數據庫中 D 的值	事務 T2
t0		500	
t1	檢索 D		
t2			檢索 D
t3			D=D-100
t4			寫回 D
t5			
t6	檢索 D	400	

4.2.2　數據庫活鎖和死鎖

封鎖是實現並發控制的一項非常重要的技術，是傳統的方法，也是使用最多的一種方法。所謂封鎖，即事務 T 在對某個數據對象（表、記錄、數據集或者整個數據庫）操作之前，先向系統發出請求，對其加鎖。加鎖后事務 T 就對該數據對象有了一定的控制，在事務 T 釋放它的鎖之前，其他的事務對此數據對象不能執行更新操作。

第四章　數據庫管理

　　SQL Server 2008 中提供了多種鎖模式，例如：排他鎖、共享鎖、更新鎖、意向鎖、鍵範圍鎖、架構鎖、大容量更新鎖等。而基本的封鎖類型有兩種：排他鎖（Exclusive Locks，簡稱 X 鎖）和共享鎖（Share Locks，簡稱 S 鎖）。

　　排他鎖又稱為寫鎖，可以用於讀操作，也可以用於寫操作。如果事務 T 對某數據對象 D 加上 X 鎖，則只允許 T 讀取和修改 D，直到 T 釋放 D 上的鎖之前，其他任何事務都不能再對 D 加任何類型的鎖。這就保證了其他事務在 T 釋放 D 上的鎖之前不能再讀取和修改 D。

　　共享鎖又稱為讀鎖，允許並發讀數據，如果事務 T 對數據對象 D 加上 S 鎖，則事務 T 可以讀 D 但不能修改 D，其他事務只能再對 D 加 S 鎖，而不能加 X 鎖，直到 T 釋放 D 上的 S 鎖。這就保證了其他事務可以讀 D，但在 T 釋放 D 上的 S 鎖之前不能對 D 做任何修改。

　　封鎖技術可以有效地解決並發操作的一致性問題，但是與操作系統一樣，封鎖的方法也可能帶來活鎖或者死鎖的問題。

　　1. 活鎖

　　如果事務 T1 封鎖了數據對象 D，事務 T2 又請求封鎖數據對象 D，於是 T2 等待。隨后 T3 也請求封鎖數據對象 D，當 T1 釋放了 D 上的封鎖之後，系統首先批准了 T3 的請求，T2 仍然等待。然後 T4 又請求封鎖數據對象 D，當 T3 釋放了 D 上的封鎖之後，系統又批准了 T4 的請求……。因此，T2 有可能永遠等待，這就是活鎖的情形。

　　避免活鎖的簡單方法是採用先來先服務的策略。當多個事務請求封鎖同一數據對象時，封鎖子系統按照請求封鎖的先后次序對事務排隊，該數據對象上的鎖一旦釋放，首先批准申請隊列中第一個事務獲得鎖。

　　2. 死鎖

　　如果事務 T1 封鎖了數據對象 D1，T2 封鎖了數據對象 D2，然后 T1 又請求封鎖數據對象 D2，因為 T2 已經封鎖了 D2，於是 T1 等待 T2 釋放 D2 上的鎖；接著 T2 又申請封鎖數據對象 D1，因為 T1 已經封鎖了 D1，T2 也只能等待 T1 釋放 D1 上的鎖。這樣就出現 T1 在等待 T2，而 T2 又在等待 T1 的局面，T1 和 T2 兩個事務永遠不能結束，這就是死鎖問題。

　　死鎖的另一種情況就是數據庫系統中有若干個長時間運行的事務在執行並行的操作，當查詢分析器處理一種非常複雜的連接查詢時，由於不能控製處理的順序，就有可能發生死鎖現象。

　　死鎖的問題在操作系統和一般並行處理中已經有了深入的研究。目前在數據庫中解決死鎖問題主要有兩種方法：一種是採取一定的措施預防死鎖的發生；另一種是允許發生死鎖，採用一定手段定期診斷系統中有無死鎖，若有則解除。

　　（1）死鎖的預防

　　在數據庫中，產生死鎖的原因是兩個或者多個事務都已經封鎖了一些數據對象，

然后又都請求對已為其他事務封鎖的數據對象加鎖，從而出現死等待。防止死鎖的發生其實就是要破壞產生死鎖的條件。預防死鎖通常有兩種方法：

① 一次封鎖法。一次封鎖法要求每個事務必須一次將所有要使用的數據對象全部加鎖，否則就不能繼續執行。它雖然可以有效地防止死鎖的發生，但也存在問題。首先，一次就將以后要用到的全部數據加鎖，必然會擴大封鎖的範圍，從而降低了系統的並發度。其次，數據庫中的數據是不斷變化的，原來不要求封鎖的數據對象，在執行過程中有可能會變成封鎖的數據對象。所以，很難事先準確地確定每個事務所要封鎖的數據對象，為此只能擴大封鎖範圍，將事務在執行過程中有可能要封鎖的數據對象全部加鎖，這就進一步降低了並發度。

② 順序封鎖法。順序封鎖法是預先對數據對象規定一個封鎖順序，所有事務都按照這個順序實行封鎖，它可以有效地防止死鎖，但也同樣存在問題。首先，數據庫系統中封鎖的數據對象極多，並且隨著數據的插入、刪除等操作而不斷地變化，要維護這些資源的封鎖順序相當困難，成本也較高。其次，事務的封鎖請求可以隨著事務的執行而動態地決定，很難事先確定每一個事務要封鎖哪些對象，因此，很難按照規定的順序去施加封鎖。

綜上，在操作系統中廣泛採用的預防死鎖的策略相對於數據庫的特點來說，並非很適合。所以，DBMS 在解決死鎖的問題上普遍採用的是診斷並解除死鎖的方法。

（2）死鎖的診斷與解除

數據庫系統中診斷死鎖的方法與操作系統類似，一般使用超時法或者事務等待圖法。

① 超時法。如果一個事務的等待時間超過了規定的時限，就認為發生了死鎖。超時法實現簡單，但其不足也很明顯。一是有可能誤判死鎖，事務因為其他原因使等待時間超過時限，系統會誤認為發生了死鎖。二是時限若設置得太長，死鎖發生后系統不能及時發現。

② 事務等待圖法。事務等待圖是一個有向圖 G =（T，U）。T 為結點的集合，每個結點表示正運行的事務；U 為邊的集合，每條邊表示事務等待的情況。如果 T1 等待 T2，則 T1、T2 之間劃一條有向邊，從 T1 指向 T2。事務等待圖動態地反應了所有事務的等待情況。並發控製子系統週期性地檢測事務等待圖，如果發現圖中存在回路，則表示系統中出現了死鎖。

DBMS 的並發控製子系統一旦檢測到系統中存在死鎖，就要設法解除。通常採用的方法是選擇一個處理死鎖代價最小的事務，將其撤銷，釋放此事務持有的所有的鎖，使其他事務得以繼續運行下去。當然，對撤銷的事務所執行的數據修改操作必須加以恢復。

4.3 數據庫備份和還原

4.3.1 備份數據庫

備份就是對 SQL Server 2008 數據庫或者事務日誌進行複製，數據庫備份記錄了在進行備份這一操作時數據庫中所有數據的狀態，如果數據庫因意外而損壞，這些備份文件將在數據庫恢復時被用來恢復數據庫至損壞發生前的狀態。

在 SQL Server 2008 中提供了四種備份類型，包括完全數據庫備份、差異數據庫備份、事務日誌備份、數據文件和文件組備份。

（1）完全數據庫備份。完全數據庫備份簡稱完全備份，是指對整個數據庫的完整備份，包括所有對象、系統表和數據。完全備份可恢復備份時刻的整個數據庫，當數據庫出現故障時可以利用這種完全備份恢復到備份時刻的數據庫狀態。

（2）差異數據庫備份。差異數據庫備份又稱差異備份，是指對自上次完全備份以來發生過變化的數據庫中的數據進行備份，是一種增量數據庫備份。所以，差異備份的恢復操作不能單獨完成，必須有一次在其之前的完全備份作為參考點，即差異備份必須與完全備份進行結合才能將數據庫恢復到差異備份時刻的數據庫狀態。

（3）事務日誌備份。事務日誌備份簡稱日誌備份，是對數據庫發生的事務進行備份，包括所有已經完成的事務，具有備份量小、時間快等特點。

（4）數據文件和文件組備份。數據文件和文件組備份是指對數據庫文件和文件組進行備份，一般與日誌備份結合使用。它可以對受到損壞的數據文件或文件組進行恢復，而不必恢復數據庫的其他部分，從而提高了恢復的效率。

在 SQL Server 2008 中，可以使用 SQL Server Management Studio 直接備份數據庫，也可以利用 T-SQL 命令備份數據庫。

1. 利用 SQL Server Management Studio 備份數據庫

（1）選擇要備份的數據庫，單擊右鍵，在彈出的菜單中選擇「任務/備份」命令，如圖 4-1 所示。

數據庫管理與應用

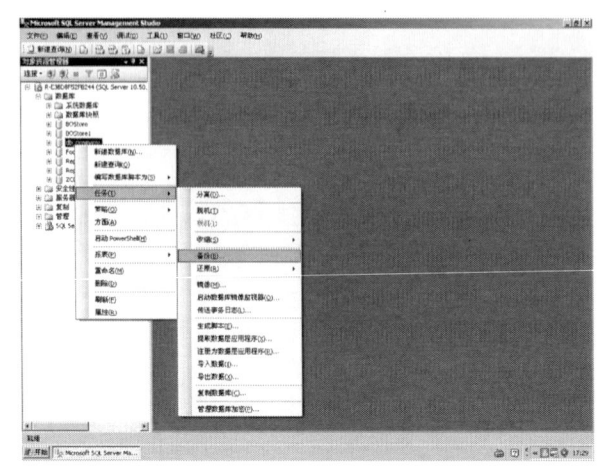

圖 4-1　右鍵菜單

（2）彈出「備份數據庫-db_company」對話框，可以設置備份類型、備份組件、備份集名和備份目標位置，如圖 4-2 所示。相應參數設置完成后，單擊【確定】按鈕。

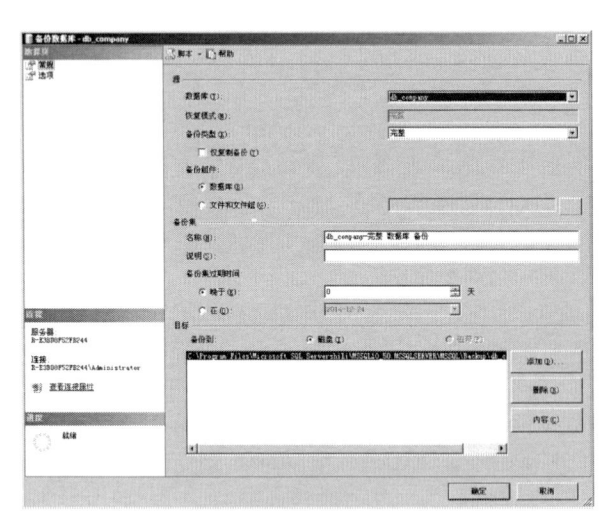

圖 4-2　備份數據庫-db_company 對話框

（3）備份完成后，彈出相應的提示對話框，如圖 4-3 所示。

圖 4-3　備份完成提示框

第四章　數據庫管理

2. 使用 T-SQL 備份數據庫

（1）完全數據庫備份

BACKUP DATABASE database_name

TO <backup_device> [… n]

[WITH

[[,] NAME = backup_set_name]

[[,] DESCRIPTION = 'TEXT']

[[,] {INIT | NOINIT}]

[[,] {COMPRESSION | NO_COMPRESSION}]

]

參數說明：

database_name：備份的數據庫名稱。

backup_device：備份設備的名稱。

WITH 子句：指定備份選項。

NAME = backup_set_name：備份的名稱。

DESCRIPTION = 'TEXT'：備份的描述。

INIT | NOINIT：INIT 表示新備份的時間覆蓋當前設備上的每一項內容，NOINIT 表示新備份的數據追加到備份設備上已有的內容後面。

COMPRESSION | NO_COMPRESSION：是否啟用備份壓縮功能。

例如，使用 T-SQL 語句為 db_company 數據庫創建完整備份，如圖 4-4 所示。

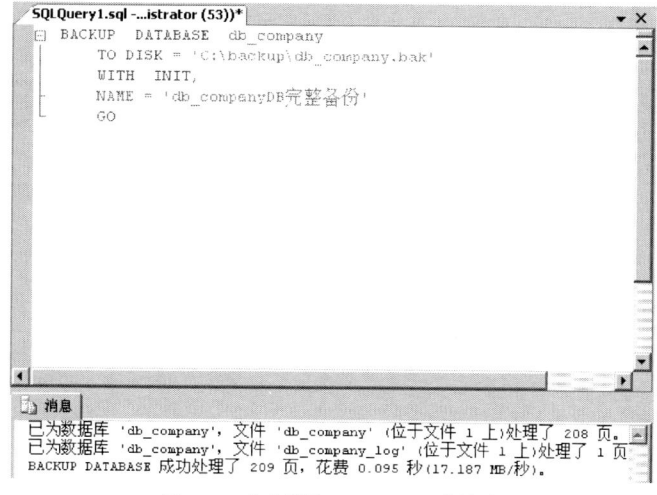

圖 4-4　完全備份 db_company 數據庫

數據庫管理與應用

（2）差異數據庫備份

BACKUP DATABASE database_name

TO <backup_device> [… n]

WITH

DIFFERENTIAL

[[,] NAME = backup_set_name]

[[,] DESCRIPTION = 'TEXT']

[[,] {INIT | NOINIT}]

[[,] {COMPRESSION | NO_COMPRESSION}]

]

參數說明：

WITH DIFFERENTIAL：指明本次備份為差異備份。

例如，使用 T-SQL 語句為 db_company 數據庫創建差異備份，如圖 4-5 所示。

圖 4-5　差異備份 db_company 數據庫

（3）事務日誌備份

BACKUP LOG database_name

TO <backup_device> [… n]

[WITH

[[,] NAME = backup_set_name]

[[,] DESCRIPTION = 'TEXT']

[[,] {INIT | NOINIT}]

[[,] {COMPRESSION | NO_COMPRESSION}]

]

第四章 數據庫管理

其中，LOG 指定僅備份事務日誌。該日誌是從上一次成功執行的日誌備份到當前日誌的末尾。必須創建完整備份后，才可以創建第一個日誌備份。

例如，使用 T-SQL 語句為 db_company 數據庫創建日誌備份，如圖 4-6 所示。

圖 4-6　日誌備份 db_company 數據庫

（4）數據文件或文件組備份
BACKUP DATABASE database_name
<file_or_filegroup> [... n]
TO <backup_device> [... n]
[WITH
[[,] NAME = backup_set_name]
[[,] DESCRIPTION = 'TEXT']
[[,] {INIT | NOINIT}]
[[,] {COMPRESSION | NO_COMPRESSION}]
]
其中，file_or_filegroup 指定了將要備份的數據文件或者文件組。

4.3.2　還原數據庫

在 SQL Server 2008 中，可以使用 SQL Server Management Studio 直接還原數據庫，也可以利用 T-SQL 命令備份數據庫。

1. 利用 SQL Server Management Studio 還原數據庫

（1）選擇要還原的數據庫，單擊右鍵，在彈出的菜單中選擇「任務/還原/數據庫」命令，如圖 4-7 所示。

（2）彈出「還原數據庫-db_company」對話框，如圖 4-8 所示，設置還原的日

97

數據庫管理與應用

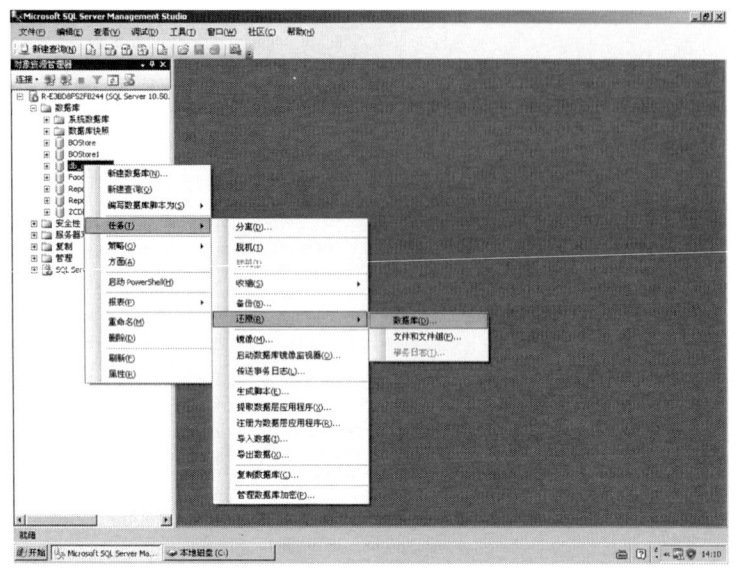

圖 4-7　右鍵菜單

標數據庫名，一般與還原的源數據庫名相同，也可以不同，再選擇用於還原的備份集，再單擊【確定】按鈕。

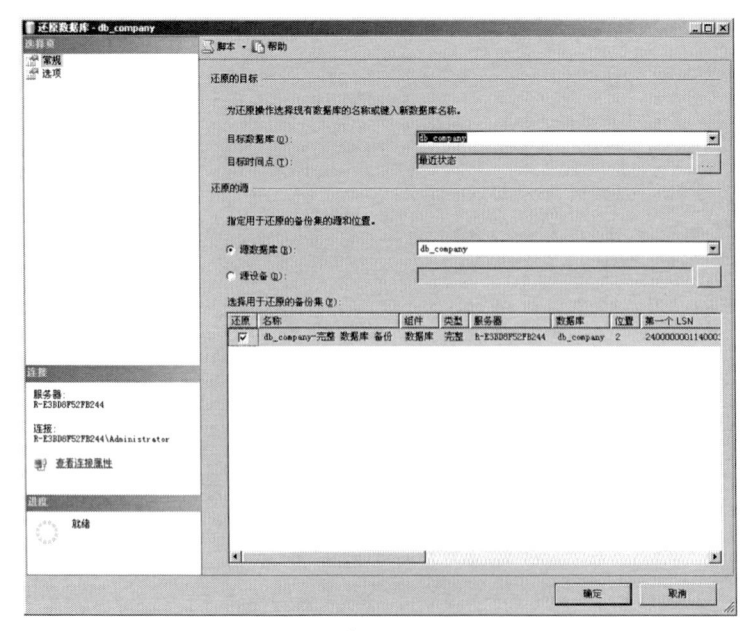

圖 4-8　還原數據庫-db_company 對話框

第四章　數據庫管理

（3）開始還原數據庫，最后彈出還原成功的提示框，如圖4-9所示，單擊【確定】按鈕，即可成功還原數據庫。

圖 4-9　還原數據庫-db_company 成功對話框

2. 使用 T-SQL 還原數據庫

（1）完全備份的還原

RESTORE DATABASE ｛database_name ｜ @ database_name_var｝

［FROM <backup_device> ［… n］ ］

［WITH

｛

［ RECOVERY ｜ NORECOVERY ｜ STANDBY =

｛ standby_file_name ｜ @ standby_file_name_var ｝

］ ｜ ，<general_WITH_options> ［… n］

｜ ，<replication_WITH_option> ｜ ，<change_data_capture_WITH_option>

｜ ，<service_broker_WITH options>

｜ ，<point_in_time_WITH_OPTIONS---RESTORE_DATABASE>

｝［… n］

］

［;］

參數說明：

database_name：還原數據庫的名稱。

backup_device：還原操作要使用的邏輯或物理備份設備。

WITH 子句：指定備份選項。

RECOVERY ｜ NORECOVERY：當還有事務日誌需要還原時，應指定 NORECOVERY；如果所有的備份都已經還原，則指定 RECOVERY。

STANDBY：指定撤銷文件名以便可以取消恢復效果。

例如，還原 db_company 數據庫及其完整數據庫的備份，如圖 4-10 所示。

（2）事務日誌備份的還原

RESTORE LOG ｛database_name ｜ @ database_name_var｝

［FROM <backup_device> ［… n］ ］

［WITH

｛

［ RECOVERY ｜ NORECOVERY ｜ STANDBY =

99

數據庫管理與應用

```
SQLQuery2.sql -...istrator (54))*
    RESTORE DATABASE db_company From disk='db_company.bak'
    WITH   RECOVERY
    GO
```

消息
已為數據庫 'db_company', 文件 'db_company' (位于文件 1 上)处理了 208 页。
已為數據庫 'db_company', 文件 'db_company_log' (位于文件 1 上)处理了 2 页。
RESTORE DATABASE 成功处理了 210 页, 花费 0.104 秒(15.709 MB/秒)。

圖 4-10　SQL 語句還原完全備份的數據庫 db_company

| standby_file_name | @ standby_file_name_var |
] | , <general_WITH_options> [... n]
| , <replication_WITH_option> | , <change_data_capture_WITH_option>
| , <service_broker_WITH options>
| , <point_in_time_WITH_OPTIONS---RESTORE_DATABASE>
| [... n]
]
[;]

例如，還原 db_company 數據庫事務日誌備份，如圖 4-11 所示。

```
SQLQuery2.sql -...istrator (56))*    SQLQuery1.sql -...istrator (54))*
restore log db_company
  from disk='db_company.bak'
  with file=9,replace
```

消息
已為數據庫 'db_company', 文件 'db_company' (位于文件 9 上)处理了 0 页。
已為數據庫 'db_company', 文件 'db_company_log' (位于文件 9 上)处理了 2 页。
RESTORE LOG 成功处理了 2 页, 花费 0.008 秒(1.098 MB/秒)。

圖 4-11　SQL 語句還原日誌備份的數據庫 db_company

第五章　數據庫應用

5.1　索引

5.1.1　索引概述

在 SQL Server 2008 中，索引是基於表中一個或多個列的值，對表中記錄進行快速存取的一種內部表結構。在數據庫中，索引就像書本后的索引，主要幫助用戶快速定位想要查找的內容，而不必掃描整個數據庫。

5.1.2　索引類型

在 SQL Server 2008 中，索引主要有聚簇索引和非聚簇索引兩種基本類型。

1. 聚簇索引

聚簇索引（簇索引或聚集索引）主要用於確定表中數據的物理存儲順序。在數據庫中，聚簇索引數據表的物理順序與索引順序是相同的。每張表只能創建一個聚簇索引，但是該索引中可以包含多個列項。用戶可以在經常查詢的列上建立聚簇索引來提高查詢的效率，但創建索引需要花費時間和存儲空間，因此需要合理設計。

2. 非聚簇索引

非聚簇索引（非簇索引或非聚集索引）是獨立於數據行的結構，其數據表的物理順序與索引順序不相同。與聚簇索引不同，每張表可以創建多個非聚簇索引，最多能建 249 個。在非聚簇索引中，數據出現的順序是隨機的，而邏輯順序由其索引指定，數據行有可能隨機地分佈在整個表中。

5.1.3 創建索引

在 SQL Server 2008 中,作為表或視圖的所有者才能為其創建索引。當 SQL Server 2008 執行查詢的時候,查詢優化程序將自動檢索是否有索引,如果有則首先使用索引。但是,由於索引會減慢數據修改的速度,並且每次修改數據時索引也需要更新,因此對於是否需要建立索引,用戶得根據實際情況進行分析。

通常,以下幾種情況適合創建索引:
(1) 主鍵與外鍵所在的列。
(2) 頻繁地作為 WHERE 子句條件出現的列。
(3) 經常在 ORDER BY 子句中出現的列。
(4) 其取值唯一的列。

以下幾種情況不適合創建索引:
(1) 在 WHERE 子句中不用或很少用到的列。
(2) 列的取值只有 1~2 個或列值重複太多。
(3) 表中的記錄很少。
(4) 維護索引的開銷很大。

在 SQL Server 2008 中,用戶可以通過對象資源管理器和 T-SQL 語句來創建索引。

1. 使用對象資源管理器創建索引

以數據庫 db_company 中的表 user_info 為例,使用對象資源管理器創建索引的具體步驟如下:

(1) 依次展開對象資源管理器中的「+」節點直到找到要創建索引的表 user_info;單擊鼠標右鍵,在彈出的菜單中選擇「設計」,打開表 user_info;選中表 user_info 中要創建索引的列(如 uid),單擊鼠標右鍵,在彈出的菜單中選擇「索引/鍵」或者在菜單欄的「表設計器」中選擇「索引/鍵」,如圖 5-1 所示。

(2) 在彈出的「索引/鍵」對話框中,點擊「添加」按鈕,在右邊的「常規」選項中設置該索引的屬性,如圖 5-2 所示。

(3) 設置完成后,點擊「關閉」按鈕,完成並結束索引的創建。

2. 使用 T-SQL 語句創建索引

在 T-SQL 語句中,用戶可以使用 CREATE INDEX 語句來創建索引,其語法格式如下:

CREATE [UNIQUE] [CLUSTERED | NONCLUSTERED] INDEX index_name
ON table_name (column_name [ASC | DESC] [,…n])

此語法中每個參數的含義如下:
UNIQUE:表示為表或視圖建立唯一的索引。

第五章　數據庫應用

圖 5-1　選擇［索引/鍵］

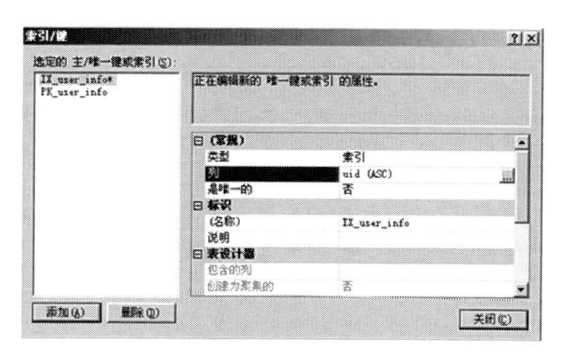

圖 5-2　創建索引

CLUSTERED | NONCLUSTERED：用於指定建立聚簇索引或非聚簇索引。
index_name：指定所要創建的索引名稱。
table_name：指定建立索引所用的表名。
column_name：指定建立索引所用的列名。

例1　用 T-SQL 語句在表 user_info 的「uid」列上建立非聚簇索引，索引名稱為 userinfo_index，排列順序設定為升序。

USE db_stu
GO
CREATE NONCLUSTERED INDEX userinfo_index
ON user_info（uid ASC）

5.1.4　刪除索引

由於索引占用一定的存儲空間，並影響著修改或刪除數據的速度，因此應當及

103

時刪除不需要的索引。在 SQL Server 2008 中，索引的刪除同樣可以使用對象資源管理器和使用 T-SQL 語句兩種方法。

1. 使用對象資源管理器刪除索引

以數據庫 db_company 中的表 user_info 為例，使用對象資源管理器刪除索引的具體步驟如下：

（1）展開對象資源管理器，直到找到要刪除索引的表 user_info，在該表的折疊項中找到「索引」並展開；選中要刪除的索引（如 userinfo_index），單擊鼠標右鍵，在彈出的菜單中選擇「刪除」命令。

（2）在彈出的「刪除對象」對話框中，點擊「確定」按鈕，完成並結束索引的刪除。

2. 使用 T-SQL 語句刪除索引

在 T-SQL 語句中，用戶可以使用 DROP INDEX 語句來刪除索引，其語法格式如下：

DROP INDEX table_name. index_name

例 2　用 T-SQL 語句從表 user_info 中刪除索引 userinfo_index。

USE db_stu
GO
DROP INDEX user_info. userinfo_index

5.2　視圖

5.2.1　視圖概述

在關係數據庫中，視圖為用戶提供了從多個角度觀察數據的重要機制。與使用查詢來創建一張新表不同，視圖是一張虛表，可以用它訪問來自一個或多個表的列的子集。因此，視圖可以定義為是從一個表或者多個表中派生出的虛擬表，實質上是一個查詢結果。派生出視圖的表被稱為基表或底層表。在數據庫中只存儲視圖的定義，而數據仍然存儲在派生出視圖的基本表中。

視圖經過定義之後就可以像基本表一樣進行查詢和更新了。視圖的作用主要有以下幾點：

（1）簡化用戶操作數據的方式。對於複雜的查詢可以創建一個視圖，用戶每次查詢的時候，只需要對建立的視圖進行簡單的查詢即可，而不需要輸入複雜的查詢語句。

（2）提供一種安全機制。通過視圖訪問和操縱數據，可以保證用戶只能檢索和修改各自能看到的數據從而增強了數據的安全性。

第五章　數據庫應用

（3）共享數據。創建視圖可以共享數據庫中的數據，不同用戶需要的數據不必都定義和存儲，可以提高數據的共享性。

5.2.2　創建視圖

在 SQL Server 2008 中，同樣可以通過對象資源管理器和 T-SQL 語句兩種方法來創建視圖。

1. 使用對象資源管理器創建視圖

以數據庫 db_company 中的表 user_info 為例，使用對象資源管理器創建視圖名為 kjinfo_view（描述職位為會計的員工信息）的具體步驟如下：

（1）依次展開對象資源管理器中的「+」節點直到 db_company 下「視圖」節點；單擊鼠標右鍵，選擇「新建視圖」命令，如圖 5-3 所示。

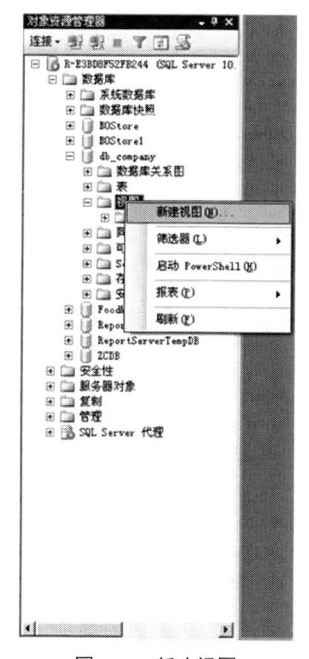

圖 5-3　新建視圖

（2）在彈出的「添加表」對話框中選擇與創建視圖相關的表、視圖、函數或同義詞。選擇完成後，點擊「添加」按鈕，如圖 5-4 所示。

（3）在如圖 5-5 所示的窗口中選擇創建視圖需要的字段，並可以指定各列的別名、排序類型、排序順序和篩選條件等。在本例中，指定 job 字段的篩選條件為「會計」。設置完成後，點擊「保存」按鈕出現「保存視圖」的對話框。輸入視圖名後點擊「確定」按鈕就完成了視圖 kjinfo_view 的創建，如圖 5-6 所示。

105

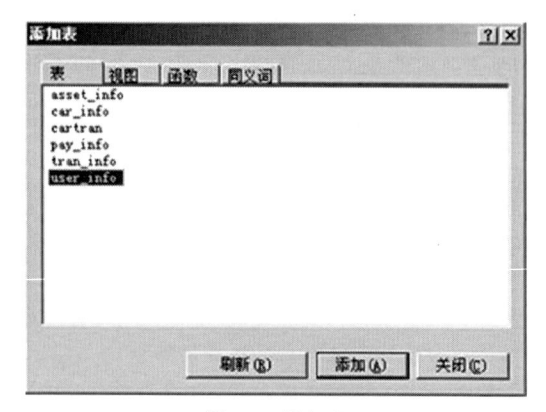

圖 5-4　添加表

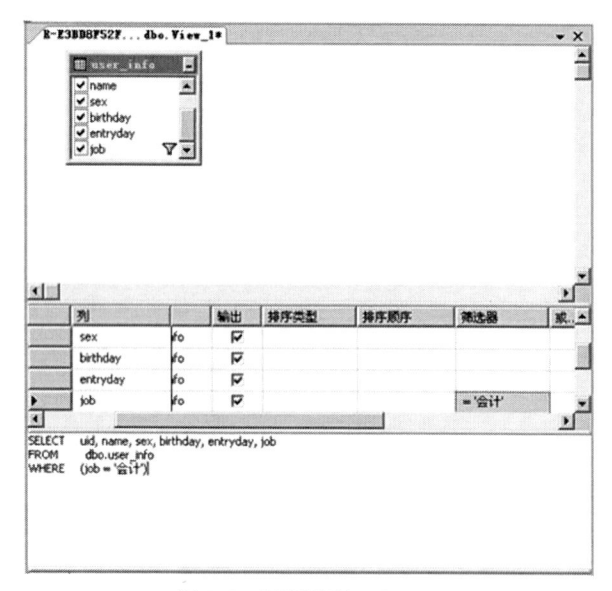

圖 5-5　創建視圖 kjinfo_view

圖 5-6　保存視圖

第五章　數據庫應用

2. 使用 T-SQL 語句創建視圖

在 T-SQL 語句中，用戶可以使用 CREATE VIEW 語句來創建索引，其語法格式如下：

CREATE VIEW view_name［（column_name［，column_name］…）］

［WITH ENCRYPTION］

AS select_statement［WITH CHECK OPTION］

語法格式中各參數的含義如下：

view_name：指出所要創建的視圖名稱。

column_name：指出將在視圖中使用的列名。若不設定此項，則視圖中將以在 SELECT 語句中指定的列名創建。

WITH ENCRYPTION：表示在 syscomments 系統表中對視圖的文本進行加密。

AS：指出將由視圖執行的動作。

select_statement：指出定義視圖的 SELECT 語句。

WITH CHECK OPTION：表示強制修改數據的語句必須滿足所定義視圖中 SELECT 語句中給定的標準。

注意：用來定義視圖的 SELECT 語句有以下幾種限制：

（1）定義視圖的用戶必須對視圖所依賴的基本表擁有查詢權限。

（2）不能使用 ORDER BY、COMPUTE 和 INTO 子句。

（3）不能在臨時表上創建視圖。

例 3　創建視圖 userbonus_view，包含會計職位員工的用戶 ID、工資編號、姓名和獎金。

CREATE VIEW userbonus_view

AS

SELECT user_info. uid, name, pid, bonus

FROM user_info, pay_info

WHERE user_info. uid=pay_info. uid and job='會計'

執行上述代碼命令后，在對象資源管理器左邊窗格的「視圖」節點下就可以看到新創建的視圖 userbonus_view，如圖 5-7 所示。

例 4　為職位是會計的員工創建他們平均獎金的視圖 kjpay_avg，包括用戶 ID（在視圖中列名為員工編號）和平均獎金（在視圖中的列名為平均獎金）。

CREATE VIEW kjpay_avg（員工編號，平均獎金）

AS

SELECT uid, AVG（bonus）

FROM　userbonus_view

GROUP BY uid

由此可見，視圖可以從基本表中導出，如例 3 中的表 user_info 和表 pay_info；

107

數據庫管理與應用

也可以從視圖中導出，如例 3 中的視圖 userbonus_view。

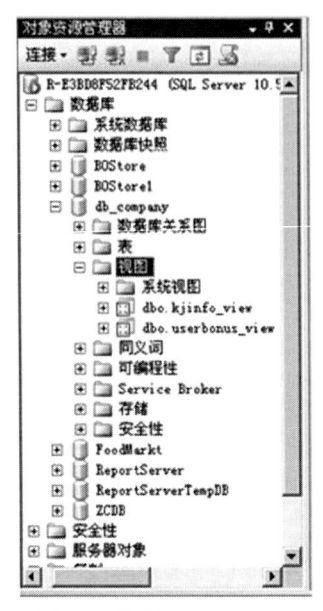

圖 5-7　視圖 userbonus_view

5.2.3　修改視圖

在視圖使用的過程當中，可能會因為基本表的改變使得視圖無法正常工作，這時就需要重新修改視圖的定義。修改視圖的定義有兩種方法：一種是通過對象資源管理器修改視圖的定義，另一種是使用 T-SQL 語句。

1. 使用對象資源管理器修改視圖的定義

（1）依次展開對象資源管理器中的「+」節點直到 db_company 下「視圖」節點；展開「視圖」節點，選中需要修改的視圖（如 dbo. kjinfo_view）；單擊鼠標右鍵，在彈出的菜單中選擇「設計」命令，打開如圖 5-8 所示的窗口。

（2）在如圖 5-8 所示的窗口中對視圖的定義進行修改，完成修改之後，點擊「保存」按鈕即可。

2. 使用 T-SQL 語句修改視圖的定義

在 T-SQL 語句中，用戶可以使用 ALTER VIEW 語句來修改視圖的定義，其語法格式如下：

ALTER VIEW view_name ［（column_name ［, column_name］…）］
［WITH ENCRYPTION］
AS select_statement ［WITH CHECK OPTION］

第五章　數據庫應用

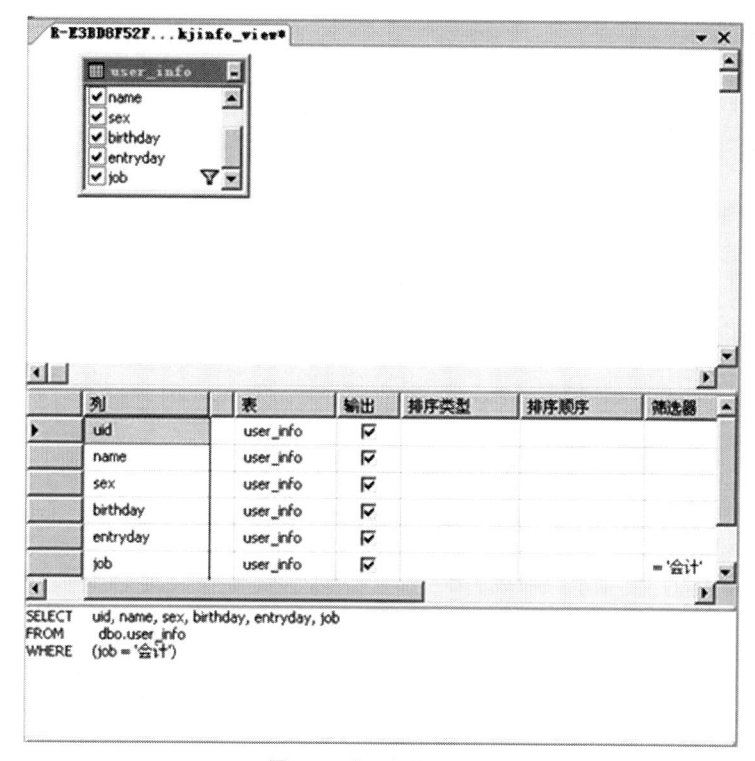

圖 5-8　修改視圖的定義

其中各參數含義與 CREATE VIEW 語句中的意思相同。

例 5　將視圖 kjinfo_view 修改為只包含職位為會計的員工的用戶 ID、姓名和職位。

ALTER VIEW kjinfo_view
AS
SELECT uid，name，job
FROM user_info
WHERE job='會計'

5.2.4　使用視圖

視圖的使用包括查詢視圖以及通過視圖對數據進行插入、更新和刪除。在 SQL Server 2008 中，對視圖的插入、更新和刪除等操作最終轉換成對創建視圖時所依據的基本表的操作。

數據庫管理與應用

1. 查詢視圖

視圖經過定義之后，就可以像查詢基本表一樣對視圖進行查詢。

（1）使用對象資源管理器查詢視圖

依次展開對象資源管理器中的「+」節點直到 db_company 下「視圖」節點；展開「視圖」節點，選中需要查看的視圖（如 dbo. kjinfo_view）；單擊鼠標右鍵，在彈出的菜單中選擇「選擇前 1000 行」命令就可以查看視圖中的數據。

（2）使用 SELECT 語句查詢視圖

例6 使用視圖 userbonus_view 查詢職位為會計的員工的姓名和獎金。

Use db_company

SELECT name，bonus

FROM dbo. userbonus_view

執行代碼后結果如圖 5-9 所示。

	name	bonus
1	杨莉	300.00
2	杨莉	200.00
3	杨莉	200.00
4	杨莉	200.00
5	周玉云	100.00
6	杨莉	300.00
7	周玉云	100.00
8	杨莉	200.00
9	周玉云	100.00
10	杨莉	200.00
11	周玉云	100.00
12	杨莉	500.00
13	周玉云	300.00
14	杨莉	600.00
15	周玉云	300.00
16	杨莉	500.00
17	周玉云	300.00
18	杨莉	600.00
19	周玉云	300.00
20	杨莉	500.00
21	周玉云	300.00
22	杨莉	500.00
23	周玉云	300.00

圖 5-9　視圖查詢結果

第五章　數據庫應用

2. 插入數據

使用 INSERT 語句可以通過視圖向基本表中插入數據，其語法格式如下：

INSERT INTO view_name VALUES（column1，column2，column3，…，column n）

例 7　向視圖 kjinfo_view 中插入一條記錄（'U008'，'陳靜'，'女'，'1983.4.1'，'2014.6.1'，'會計'）。

INSERT INTO kjinfo_view

VALUES（'U008'，'陳靜'，'女'，'1983.4.1'，'2014.6.1'，'會計'）

執行代碼后結果如圖 5-10 所示。

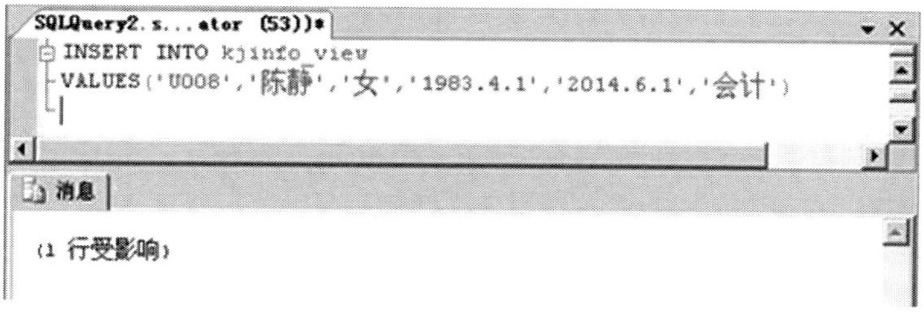

圖 5-10　插入數據的運行結果

SQL Server 2008 在執行此語句時，先從數據字典中找到視圖 kjinfo_view 的定義，然後把其定義和插入數據的操作結合起來，最終轉換成等價的對基本表 user_info 的插入數據的操作。下面使用 SELECT 語句查詢視圖 kjinfo_view 所依賴的基本表 user_info 的信息，來驗證在表 user_info 中是否通過視圖 kjinfo_view 被插入了一行記錄。

SELECT ＊ FROM user_info

運行結果如圖 5-11 所示。從圖 5-11 中可以看出記錄（'U008'，'陳靜'，'女'，'1983.4.1'，'2014.6.1'，'會計'）已經添加到表 user_info 中。

	uid	name	sex	birthday	entryday	job
1	U001	王明	男	1972-11-24	2013-06-01	经理
2	U002	杨帆	男	1982-08-11	2013-06-01	人事
3	U003	杨莉	女	1988-11-02	2013-06-01	会计
4	U004	周玉云	女	1990-07-09	2013-09-01	会计
5	U005	陈平	男	1982-10-01	2013-06-01	物流调度
6	U006	李林	男	1965-05-12	2013-06-01	司机
7	U007	代刚	男	1977-06-12	2013-09-01	司机
8	U008	陈静	女	1983-04-01	2014-06-01	会计

圖 5-11　更新 kjinfo_view 視圖后的查詢結果

注意：當視圖所依賴的基本表有兩個或者兩個以上時，不能向視圖中插入數據，因為此操作會影響多個基本表。例如不能向視圖 userbonus_view 插入數據，因為 userbonus_view 依賴 user_info 和 pay_info 兩張基本表。

例 8　向視圖 userbonus_view 中插入一條記錄

數據庫管理與應用

（'U009'，'陳靜'，600）。
INSERT INTO userbonus_view
VALUES（'U009'，'陳靜'）
運行結果如圖 5-12 所示。

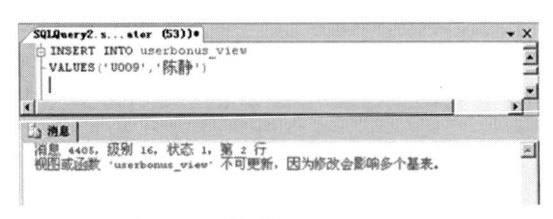

圖 5-12　更新視圖 userbonus_view

3. 更新數據
使用 UPDATE 語句可以通過視圖更新基本表中的數據，其語法格式如下：
UPDATE view_name
SET column1＝column_value1
column2＝column_value2
…
column n＝column_valuen

例 9　將視圖 kjinfo_view 中所有員工的入職時間修改為「2013.7.1」。
UPDATE kjinfo_view
SET entryday＝'2013.7.1'
運行結果如圖 5-13 所示。

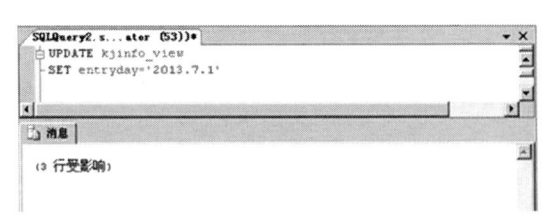

圖 5-13　更新視圖 kjinfo_view 中的數據

再用 SELECT 語句查詢視圖 kjinfo_view 依賴的基本表 uers_info：
SELECT ＊ FROM user_info
運行結果如圖 5-14 所示。
比較圖 5-11 和圖 5-14 可以看出，例 9 中的語句實際上是將視圖 kjinfo_view 所依賴的基本表 user_info 中所有 job 值為'會計'的記錄的 entryday 字段值修改成了「2013.7.1」。
注意：當一個視圖所依賴的基本表有兩個或者兩個以上時，則一次修改該視圖

112

第五章　數據庫應用

圖 5-14　查詢表 user_info 的結果

的操作只能改變一個基本表中的數據。

例 10　將視圖 userbonus_view 中用戶 ID 為 U003 的員工的工資編號為 P1306003 中的獎金修改為 300。

UPDATE userbonus_view

SET bonus = 300

WHERE uid = ' U003 ' AND pid = ' P1306003 '

運行結果如圖 5-15 所示。

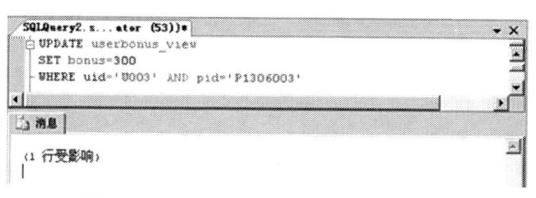

圖 5-15　更新視圖 userbonus_view 的結果

4. 刪除數據

使用 DELETE 語句可以通過視圖刪除基本表中的數據，其語法格式如下：

DELETE FROM view_name

WHERE search_condition

例 11　刪除視圖 kjinfo_view 中入職時間為「2013.9.1」的記錄。

DELETE FROM kjinfo_view

WHERE entryday = ' 2013.9.1 '

注意：當一個視圖所依賴的基本表有兩個或者兩個以上時，不能使用 DELETE 語句刪除數據。

113

5.2.5 刪除視圖

在 SQL Server 2008 中，刪除視圖只是刪除了視圖的定義和分配給它的所有權限。刪除視圖同樣有兩種方法：一種是通過對象資源管理器刪除視圖，另一種是使用 T-SQL 的 DELETE VIEW 語句進行刪除。

1. 使用對象資源管理器刪除視圖

以數據庫 db_company 中的表 user_info 為例，使用對象資源管理器刪除視圖名為 kjinfo_view 的具體步驟如下：

依次展開對象資源管理器中的「+」節點直到 db_company 下「視圖」節點；展開「視圖」節點，選中需要刪除的視圖（如 dbo.kjinfo_view）；單擊鼠標右鍵，在彈出的菜單中選擇「刪除」命令，在彈出的對話框中點擊「確定」按鈕就可以刪除視圖。

2. 使用 DELETE VIEW 語句刪除視圖

其語法格式如下：

DROP VIEW view_name [1, ⋯n]

其中，view_name 表示指定要刪除的視圖名稱。可以使用 DROP VIEW 語句一次性刪除多個視圖。

例 12　刪除視圖 userbonus_view。

DROP VIEW userbonus_view

5.3 存儲過程

5.3.1 存儲過程概述

存儲過程是一組為了完成特定功能，由 T-SQL 語句和程序控製語言組成的一個集合。存儲過程能提高批量語句執行的速度，從而幫助提高查詢的性能。用戶還可以通過調用執行相同操作的存儲過程來保證數據的一致性。在 SQL Server 2008 中，存儲過程可分為系統存儲過程、擴展存儲過程和用戶自定義存儲過程三種。

1. 系統存儲過程

顧名思義，系統存儲過程是由 SQL Server 2008 系統提供的存儲過程，定義在系統數據庫中，以 sp_ 作為前綴命名。具有執行系統存儲過程權限的用戶可以使用它執行修改表的任務，並且可以在所有數據庫中執行。

2. 擴展存儲過程

擴展存儲過程是指 SQL Server 2008 的實例可以動態加載和運行 DLL，是由用戶使用編程語言創建自己的外部程序，一般以 sp_ 或 xp_ 為前綴命名。

第五章 數據庫應用

3. 用戶自定義存儲過程

用戶自定義存儲過程是指用戶為了實現某些特定功能由用戶自己創建並完成的存儲過程，能接受和返回用戶自己提出的參數。

5.3.2 使用存儲過程

下面主要介紹如何創建和執行用戶自定義存儲過程。

在 SQL Server 2008 中，用戶只能在當前數據庫中創建自定義的存儲過程，並且過程名稱不能與其他過程名相同。創建和執行存儲過程有使用對象資源管理器和使用 T-SQL 語句兩種方法。

1. 使用對象資源管理器創建和執行存儲過程

下面以數據庫 db_company 為例，介紹使用對象資源管理器創建一個存儲過程 pr_userinfo，其作用是查看 db_company 數據庫中某員工的記錄，具體操作步驟如下：

（1）依次展開對象資源管理器中的「+」節點直到 db_company 下「可編程性」節點；展開「可編程性」節點，右擊「存儲過程」，點擊「新建存儲過程」，出現創建存儲過程的查詢編輯器窗格，如圖 5-16 所示。

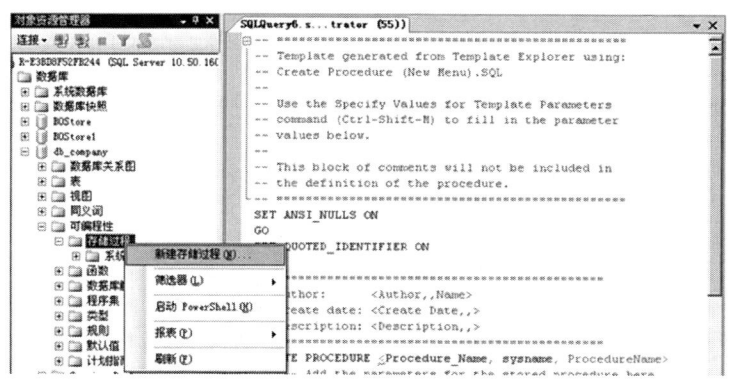

圖 5-16　新建存儲過程

（2）在「查詢」菜單中點擊「指定模板參數的值」，彈出如圖 5-17 所示的對話框，設置完成後，點擊「確定」按鈕。其中，參數 procedure_name 設置為 pr_userinfo，@Paran1 設置為@p1，數據類型為 char，默認值為 U001。

（3）在查詢編輯器窗格中，將「Add the parameters for the stored procedure here」下面第一行最后的逗號和第二行刪除；在「Insert statements for procedure here」下面輸入查詢的 T-SQL 語句「select * from user_info where uid=@p1」，如圖 5-18 所示。

圖 5-17 「指定模板參數的值」對話框

圖 5-18 輸入查詢語

（4）在「查詢」菜單中點擊「分析」測試語法后，點擊「執行」創建存儲過程，如圖 5-19 所示。

第五章　數據庫應用

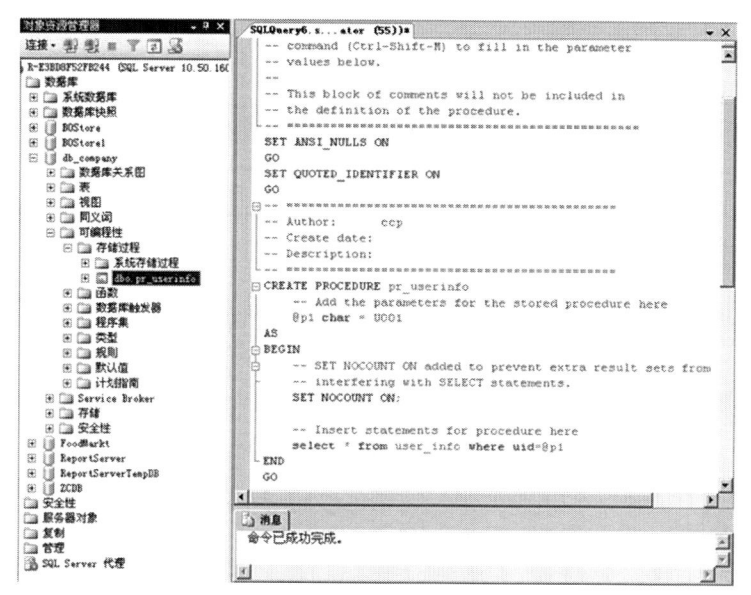

圖 5-19　創建存儲過程 pr_userinfo

（5）若要保存腳本，請在「文件」菜單上單擊「保存」。接受該文件名或將其替換為新的名稱，再單擊「保存」。

2. 使用 T-SQL 語句創建和執行存儲過程

在 T-SQL 語句中，用戶可以使用 CREATE PROCEDURE 來創建存儲過程，其語法格式如下：

CREATE PROCEDURE procedure_name

[｛@ parameter data_type｝

［VARYING］［=default］［OUT｜OUTPUT］［READONLY］］［，…n］

［WITH ｛RECOMPILE｜ENCRYPTION｝］

［FOR REPLICATION］

AS ｛<sql_statement>［;］[… n］｝

其中各參數的含義如下：

procedure_name：指出存儲過程的名稱。

@ parameter：表示過程中的參數，在創建存儲過程時可以聲明一個或者多個參數。

data_type：指定參數的數據類型。

VARYING：指定作為輸出參數支持的結果集，僅適用於遊標參數。

default：表示參數的默認值。如果已定義了 default 值，則無需指定此參數的值就可以執行過程。默認值必須是常量或 NULL。

117

數據庫管理與應用

OUTPUT：指出參數是輸出參數。此選項值可以返回給調用 EXECUTE 的語句。

RECOMPILE：指出該過程在運行時編譯。

ENCRYPTION：指出將創建過程語句的原始文本進行加密。

FOR REPLICATION：指定不能在訂閱服務器上執行為複製創建的存儲過程。

<sql_statement>：指出存儲過程執行的 T-SQL 語句。

例 13　創建從數據庫 db_company 中查詢員工工資表中員工獎金的存儲過程，操作如下：

（1）在查詢分析器中輸入如下語句：

USE db_company

GO

CREATE PROCEDURE pr_userbonus

AS

SELECT user_info. uid, pid, bonus

FROM user_info, pay_info

WHERE user_info. uid=pay_info. uid

GO

（2）在工具欄中單擊 執行(X) 按鈕，完成存儲過程的創建，此時在數據庫 db_company 的存儲過程窗口可以看到新建的存儲過程 pr_userbonus，如圖 5-20 所示。

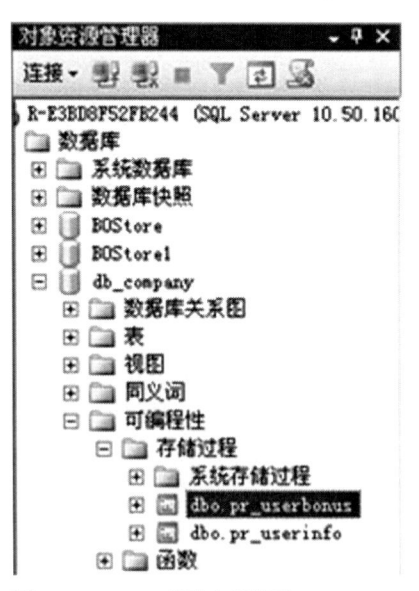

圖 5-20　T-SQL 創建存儲過程 pr_userbonus

創建了存儲過程之後，可以使用 EXECUTE（或簡寫為 EXEC）命令執行，其語

第五章　數據庫應用

法格式如下：

［｛EXECUTE｜EXEC｝］

｛［@return_status=］

｛module_name［；number］｜@moudle_name_var｝

［［@parameter=］｛value｜@variable［OUTPUT］｜［DEFAULT］｝］［，...n］

［WITH RECOMPILE］

｝

其中各參數含義如下：

return_status：表示可選的整型變量，保存存儲過程的返回狀態。此變量在使用前必須先對其進行定義。

module_name：指出要調用的存儲過程的完全限定或不完全限定名稱。

@parameter：表示過程定義中的參數。若省略，則后面的實參順序要與定義的參數順序一致。

value：表示存儲過程的實參。

@variable：表示局部變量，用於保存OUTPUT參數返回的值。

default：表示不提供實參，而使用對應的默認值。

WITH RECOMPILE：指定強制編譯。

例如在查詢分析器中輸入如下語句后，在工具欄中單擊 執行(X) 按鈕，就可以調用執行已創建的存儲過程pr_userbonus。

USE db_company

GO

EXEC pr_userbonus

5.3.3　管理存儲過程

創建存儲過程之后，如果需要改變存儲過程中的參數或語句，可以通過修改或重命名存儲過程來實現。當存儲過程不需要時，也可以刪除。

下面以修改db_company數據庫的存儲過程為例，介紹具體操作步驟。

1. 修改存儲過程

修改存儲過程pr_userinfo，查詢某員工的ID、姓名和職位。

（1）依次展開對象資源管理器中的「+」節點直到db_company下「可編程性」節點；展開「可編程性」→「存儲過程」，選中要修改的存儲過程，點擊右鍵，再點擊「修改」，如圖5-21所示。

數據庫管理與應用

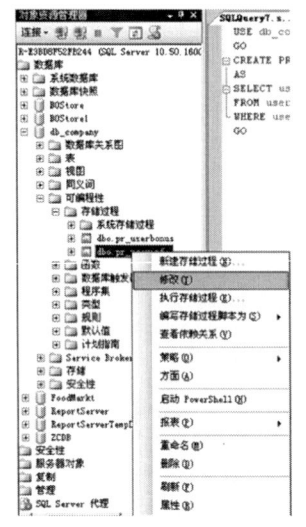

圖 5-21　選擇「修改」

（2）使用 ALTER PROCEDURE 命令修改存儲過程。在「Insert statements for procedure here」下面輸入查詢的 T-SQL 語句「select uid, name, job from user_info where uid=@p1」，如圖 5-22 所示。

圖 5-22　修改存儲過程 pr_userinfo

（3）點擊「查詢」菜單下的「分析」測試語法后，再點擊「執行」，即可修改

第五章　數據庫應用

存儲過程，如圖 5-23 所示。

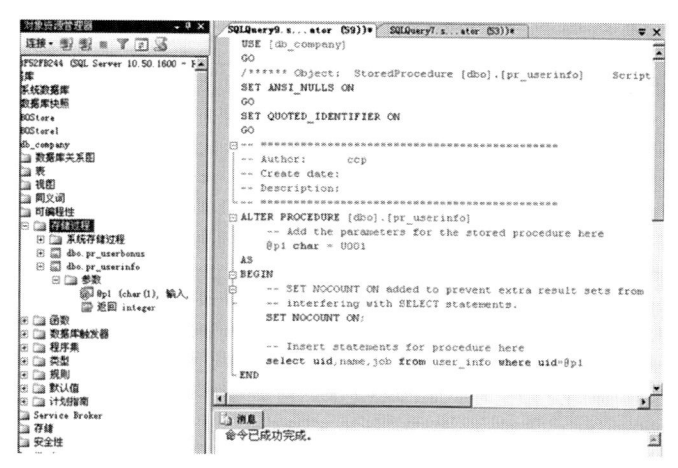

圖 5-23　修改結果

（4）若想保存腳本，可在「文件」菜單下點擊「另存為」進行保存。

2. 刪除存儲過程

（1）使用對象資源管理器刪除存儲過程。依次展開對象資源管理器中的「+」節點直到 db_company 下「可編程性」節點；展開「可編程性」→「存儲過程」，選中要刪除的存儲過程（如 pr_userinfo），點擊右鍵，再點擊「刪除」。若需要查看基於存儲過程的對象，則點擊「顯示依賴關係」，如圖 5-24 所示。確定已選擇了正確的存儲過程，再點擊「確定」，從依賴對象和腳本中刪除過程名稱。

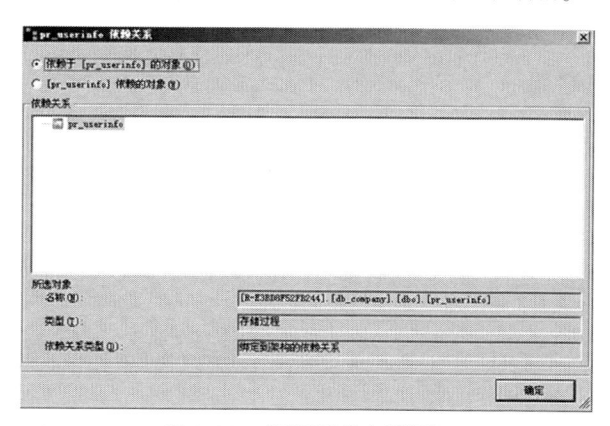

圖 5-24　「刪除對象」對話框

（2）使用 T-SQL 語句中的 DROP PROCEDURE 語句刪除存儲過程，其語法格式如下：

121

DROP PROCEDURE {procedure_name} [，…n]

例 14　刪除存儲過程 pr_userbonus。

USE db_company

GO

CREATE PROCEDURE pr_userbonus

5.4　觸發器

5.4.1　觸發器概述

觸發器是一種特殊的存儲過程，用於對特定表或列作特定類型的數據修改。它能在執行一些具有特定功能的 SQL 語句時自動執行，不由用戶直接調用。在 SQL Server 2008 中，提供 DML 觸發器和 DDL 觸發器兩大類型。當數據庫中發生數據定義語言（DDL）事件時將調用 DDL 觸發器，當數據庫中發生數據操作語言（DML）事件時則調用 DML 觸發器。DML 觸發器可以通過數據庫中的相關表來實現級聯更改。DML 觸發器通常包括 INSERT 觸發器、UPDATE 觸發器和 DELETE 觸發器三種，分為 AFTER 觸發器和 INSTEAD OF 觸發器兩大類。

SQL Server 2008 給每個觸發器語句都創建了兩種特殊的表：INSERTED 表和 DELETED 表。在 INSERTED 表中存放的是執行 INSERT 或 UPDATE 語句而要向表中插入的所有行；在 DELETED 表中存放的是執行 DELETE 或 UPDATE 語句而要從表中刪除的所有行。

5.4.2　創建觸發器

1. 使用對象資源管理器創建觸發器

以數據庫 db_company 中的表 user_info 為例，使用對象資源管理器創建觸發器的具體操作步驟如下：

（1）依次展開對象資源管理器中的「+」節點直到 db_company 中表 dbo.user_info 下的「觸發器」節點；單擊鼠標右鍵，在彈出的菜單中選擇「新建觸發器」，如圖 5-25 所示。

（2）在點擊「新建觸發器」后出現的窗口中輸入 SQL 語句，如圖 5-26 所示。

Create trigger user1 on user_info

　　After insert，update，delete

　　As

　　Select ＊ from user_info

第五章 數據庫應用

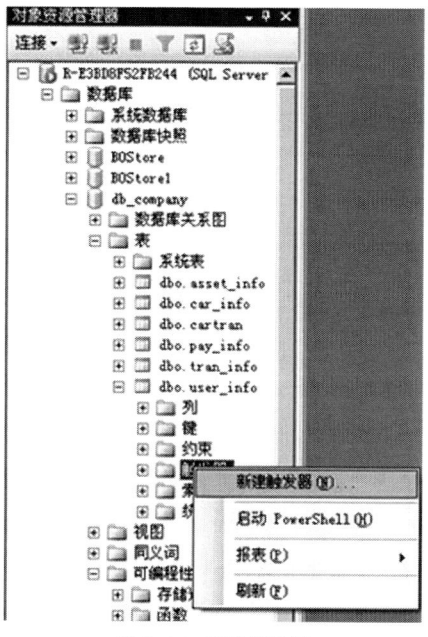

圖 5-25 新建觸發器

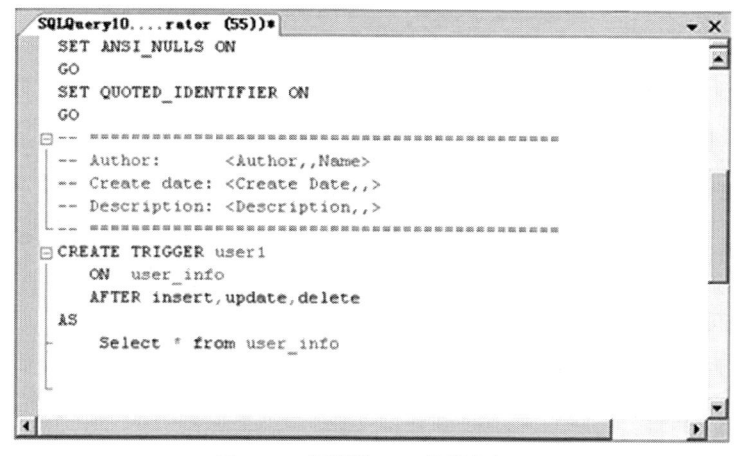

圖 5-26 觸發器 user1 的創建窗口

（3）點擊菜單欄上的 **執行(X)** 按鈕，則在該表的「觸發器」節點下面就可以看到新建的觸發器 user1。

2. 使用 T-SQL 語句創建觸發器

對於不同的觸發器，其創建的語法相似，基本語法格式如下：

123

CREATE TRIGGER trigger_name

ON {table_name | view_name}

{AFTER | INSTEAD OF} {［INSERT］［,］［UPDATE］［,］［DELETE］}

AS

Sql_statement［,…n］

其中各個參數的含義如下：

trigger_name：表示要創建的觸發器名稱，在數據庫中必須唯一。

table_name | view_name：表示是在其上執行觸發器的表或視圖。

AFTER | INSTEAD OF：指定觸發器觸發的時機。

INSERT、UPDATE、DELETE：表示在指定表或視圖上執行哪些數據修改語句時將觸發觸發器的關鍵字。

Sql_statement：指定觸發器執行的 SQL 語句。

例1　在表 car_info 中創建一個名為 car1 的觸發器，當要刪除車輛基本信息時，觸發器被觸發，檢查表 cartran，並同時刪除相同車輛編號的車輛。打開查詢分析器，在裡面輸入以下代碼，運行結果如圖 5-27 所示。

圖 5-27　創建 AFTER 觸發器 car1

USE db_company

GO

CREATE TRIGGER car1

ON car_info

AFTER DELETE

AS

BEGIN

DELETE FROM cartran

where cid IN (select cid from deleted)

第五章 數據庫應用

END

GO

例2 在表 user_info 中創建一個名為 userinsert 的觸發器，當要插入新的員工時，觸發器被觸發，檢查表 pay_info，並同時插入相同用戶 ID 的員工。

CREATE TRIGGER userinsert

ON user_info

INSTEAD OF INSERT

AS

INSERT INTO user_info

VALUES（'U009'，'張強'，'男'，'1984.6.1'，'2014.6.1'，'司機'）

INSERT INTO pay_info

VALUES（'U009'，null，null，null，null，null，null，null）

5.4.3 管理觸發器

觸發器創建好之后，可以根據具體需要對其進行修改，若不需要時也要刪除。

1. 修改觸發器

修改解發器可以使用對象資源管理器和 T-SQL 語句兩種方法。

（1）使用對象資源管理器修改解發器

依次展開對象資源管理器的「+」節點直到表下的「觸發器」節點；展開「觸發器」節點，選中要修改的觸發器，單擊右鍵，在彈出的菜單中選擇「修改」，在右側窗口就可以查看所選觸發器的相關內容，如圖 5-28 所示。

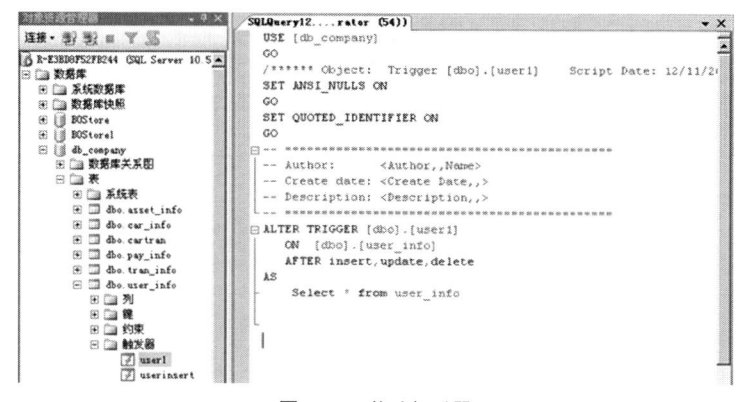

圖 5-28 修改觸發器

（2）使用 T-SQL 語句的 ALTER TRIGGER 命令修改觸發器

ALTER TRIGGER 命令的語法格式如下：

ALTER TRIGGER trigger_name

ON［table_name | view_name］FOR［INSERT］［,］［UPDATE］［,］［DELETE］

AS

Sql_statement［,…n］

例 3 下面的語句用於修改數據庫 db_company 中的觸發器 car1。

USE［db_company］

GO

/ * * * * * * Object： Trigger［dbo］.［carl］ Script Date：12/12/2014 13：03：44 * * * * * */

SET ANSI_NULLS ON

GO

SET QUOTED_IDENTIFIER ON

GO

ALTER TRIGGER［dbo］.［carl］

ON［dbo］.［tran_info］

AFTER DELETE

AS

BEGIN

DELETE FROM cartran

where tid IN (select tid from deleted)

END

2. 刪除觸發器

刪除觸發器可以使用對象資源管理器和 T-SQL 語句兩種方法。

（1）使用對象資源管理器刪除觸發器

依次展開對象資源管理器的「+」節點直到表下的「觸發器」節點；展開「觸發器」節點，選中要刪除的觸發器后單擊鼠標右鍵，在彈出的菜單中選擇「刪除」即可。例如刪除觸發器 user1，如圖 5-29 所示。

（2）使用 T-SQL 語句的 DROP TRIGGER 命令刪除觸發器

其語法格式如下：

DROP TRIGGER ｛trigger｝［,…n］

例 4 刪除數據庫 db_company 中的觸發器 carl。

USE db_company

DROP TRIGGER carl

GO

注意：刪除觸發器時，其所在的表及表中的數據不會受到影響；若刪除表，則表中的所有觸發器將被自動刪除。

第五章　數據庫應用

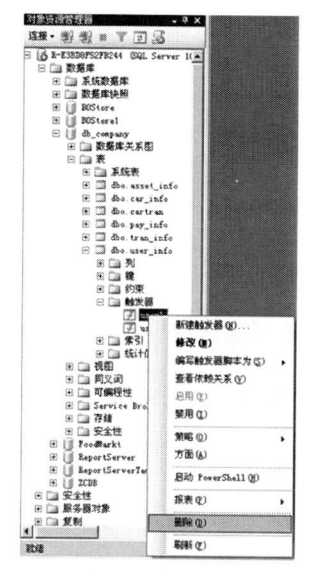

圖 5-29　刪除觸發器 user1

5.5　事務

5.5.1　事務概述

事務的概念是現代數據庫理論的核心概念之一。在 SQL Server2008 中，事務相當於單個的工作單元，是數據庫中不可再分的基本部分。使用事務可以保證同時發生的行為與數據有效性不發生衝突，並且能維護數據的完整性，確保數據的有效性。

5.5.2　事務定義

事務就是用戶對數據庫進行的一系列操作的集合。事務由開始語句（BEGIN TRANSACTION）、提交語句（COMMIT TRANSACTION）和回滾語句（ROLLBACK TRANSACTION）構成，這些需要組合起來使用才能完成一個事務的結構。在 SQL Server 2008 中，事務以下列四種模式運行：

1. 自動提交事務

此類型的事務能夠自動執行並自動回滾，每條單獨的語句都是一個事務。

2. 顯示事務

此類型的事務又稱為用戶定義事務，其顯示定義的開始和結束。每個事務以 BEGIN TRANSACTION 語句開始，以 COMMIT 或 ROLLBACK 語句結束。

127

3. 隱式事務

此類事務是指當前一個事務提交或回滾后自動啓動的事務，但每個事務仍然需要用 COMMIT 或 ROLLBACK 語句顯示結束。

4. 批處理級事務

此類事務只能應用於多個活動結果集（MARS），在 MARS 會話中啓動的 Transact-SQL 顯式或隱式事務變為批處理級事務。當批處理完成時，未提交或回滾的批處理級事務將自動由 SQL Server 進行回滾。

事務具有原子性（Atomicity）、一致性（Consistency）、隔離性（Isolation）和持久性（Durability）四大屬性，簡稱 ACID 屬性。

（1）原子性（Atomicity）。一個事務作為一個工作單元，對數據的修改要麼全部執行，要麼全部取消。

（2）一致性（Consistency）。一個事務完成時，該事務所修改的數據必須遵循數據庫中的各種約束、規則，保持數據的完整性。

（3）隔離性（Isolation）。一個事務所做的修改必須能夠與其他事務所做的修改隔離，在並發處理過程中一個事務所看到的數據狀態必須是另一個事務處理前或者處理后的數據。

（4）持久性（Durability）。事務完成后，它對數據庫所做的修改被永久保存下來。

下面將舉個例子來幫助讀者理解事務的概念。

例 1　通過 UPDATE 語句更新表行就被 SQL Server 2008 作為單個事務來對待。假設執行下列語句：

USE db_company
GO
UPDATE user_info
SET job='司機'
uid=' U007 '
WHERE name='陳平'

當執行這個操作時，SQL Server 2008 會認為用戶的意圖是在單個行為中同時修改「job」和「uid」兩列。假設「uid」列上存在約束，使得「uid」列的更新無法實現，在這種情況下，「job」和「uid」兩列的更新都無法實現。因為這兩個更新在同一條 UPDATE 語句中，所以 SQL Server 2008 將這兩個更新看作同一個事務的一部分。

如果希望這兩個更新能被視作獨立的操作，則可以把上一條 UPDATE 語句修改成如下兩條 UPDATE 語句：

USE db_company
GO

第五章　數據庫應用

```
UPDATE user_info
SET job='司機'
WHERE name='陳平'
UPDATE user_info
SET uid=' U007 '
WHERE name='陳平'
```

此時，即使對「uid」列的更新失敗，但是對「job」列的更新仍能進行。

下面介紹使用 T-SQL 語句創建跨多條語句的事務。

例 2　執行下列批處理：

```
DECLARE @SSL_ERR INT, @RP_ERR INT
BEGIN TRANSACTION
UPDATE user_info
SET job='司機'
WHERE name='陳平'
SET @SSL_ERR=@@ERROR
UPDATE user_info
SET uid=' U007 '
WHERE name='陳平'
SET @RP_ERR=@@ERROR
IF @SSL_ERR=0 AND @RP_ERR=0
COMMIT TRANSACTION
ELSE
ROLLBACK TRANSACTION
```

在這段代碼中，BEGIN TRANSACTION 語句告訴 SQL Server 2008 應該把下一條 COMMIT TRANSACTION 語句或 ROLLBACK TRANSACTION 語句以前的所有事情作為單個事務。如果 SQL Server 2008 遇到一條 COMMIT TRANSACTION 語句，則保存至最近一條 BEGIN TRANSACTION 語句以後對數據庫所做的所有工作；如果 SQL Server 遇到一條 ROLLBACK TRANSACTION 語句，則將拋棄所有這些工作。

事務是數據庫恢復和並發控制的基本單位，理解事務的定義有助於理解數據庫恢復技術。

第六章　數據庫開發

數據庫應用領域很廣泛，由於數據庫本身的特點，面對眾多各層次使用人群，不宜讓其直接對數據庫進行各種操作，因此，會借助一個平臺間接地來完成操作。本章首先將簡單介紹間接進行數據庫訪問的原理，然后介紹利用 Visual Basic 6.0 編程開發數據庫應用的方法和技巧，最后以一個運輸公司的管理信息系統為例，介紹如何使用 Visual Basic 6.0 程序與 SQL Server 2008 數據庫聯合開發管理信息系統的思路和實現。

● 6.1　間接數據庫訪問原理

數據庫是存放各種數據的倉庫，包含有一張至多張表。在關係型數據庫中，數據結構就是一張二維表，在進行如添加、刪除等數據操作時，能比較直觀、便捷地完成。但與此同時存在由於這些操作是不可逆而可能發生誤操作的情況，因此非數據庫管理員是不被允許直接進行這些操作的。而在數據庫實際應用過程中，普通用戶需要進行如數據的添加、刪除等操作。鑒於這樣的情況，採用間接地對數據庫訪問是更為安全、有效、實用的方式。

數據庫本是一個獨立的系統，與其他應用程序平行運行，無任何交集。若要讓數據庫與其他應用程序建立關係，平行的兩端間應該進行連接操作或者添加一個類似中間件的部件。因此，在進行數據庫應用開發時，都應該考慮到使用何種方式將數據庫與應用程序建立關聯。在此，可以用較為通俗地將數據庫與其他應用程序的連接稱之為「中間件」或者「橋樑」。在后續的內容中，會對「中間件」的種類和工作方式分別展開介紹。

第六章　數據庫開發

6.2　Visual Basic 6.0 數據庫訪問方法

Visual Basic 是微軟公司開發的基於 Windows 操作系統的可視化編程設計軟件。Visual Basic 6.0 因操作簡單實用，所以從其問世以來很受專業程序員和編程愛好者的追捧。在數據庫應用開發時，可作為前端開發工具。

Visual Basic 6.0 環境提供的數據庫訪問方法包括：Data 控件、DAO、ADO、RDO、ODBC 等。本節首先將介紹 Visual Basic 6.0 中數據庫管理工具，然後有選擇的介紹數據庫訪問方法，重點以 ODBC 數據源、DAO 和 ADO 訪問方法為例，詳細討論數據庫訪問方法。

6.2.1　可視化數據管理器

Visual Basic 6.0 提供的可視化數據管理器，可以實現對數據庫的管理工作，包括了創建數據庫、數據表、維護數據庫結構、修改數據、建立查詢等操作。在 Visual Basic 6.0 主菜單「外接程序」中選擇「可視化數據管理器」，就可以進入如圖 6-1 所示的可視化數據管理器界面，進行數據庫的管理操作。

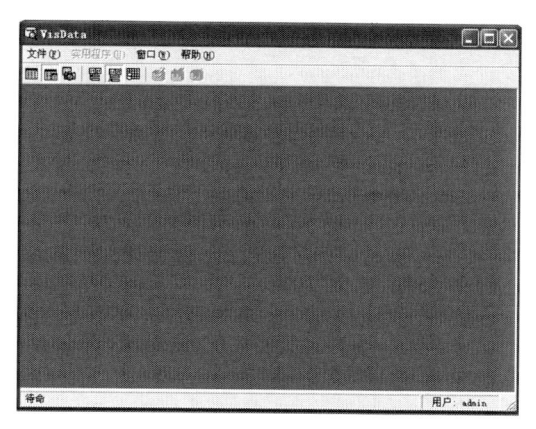

圖 6-1　可視化數據管理器界面

1. 建立數據庫及表

（1）創建數據庫

在可視化數據管理的「文件」菜單中選擇「新建」命令，然後在彈出的數據庫類型中選擇要創建的數據庫類型。在彈出的對話框中，輸入要創建的數據庫文件名稱及其保存路徑，點擊「確定」按鈕後，進入如圖 6-2 所示的界面，數據庫即建立。

數據庫管理與應用

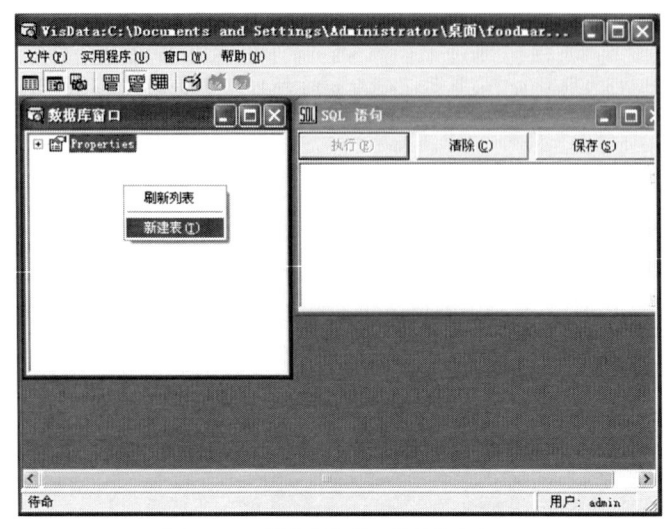

圖 6-2 可視化數據管理器數據庫窗口

（2）創建表

在圖 6-2 的「數據庫窗口」空白處單擊鼠標右鍵，在彈出的快捷菜單中選擇「新建表」，進入如圖 6-3 所示的界面。

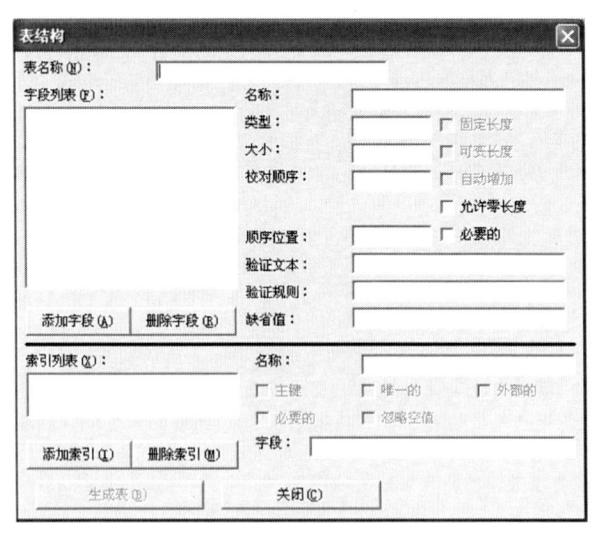

圖 6-3 表結構

在圖 6-3 中，「表名稱」項裡鍵入新建表的名稱，點擊「添加字段」按鈕，進入如圖 6-4 所示的界面。

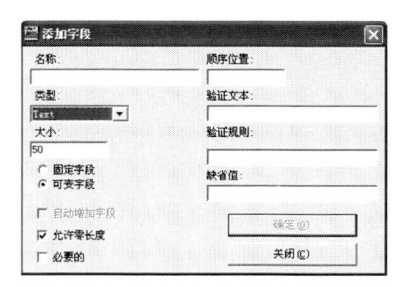

第六章　數據庫開發

圖 6-4　添加字段界面

在圖 6-4 中,「名稱」項裡鍵入新建字段的名稱,選擇該字段類型以及其他需要的設置,點擊「確定」按鈕,最后在「表結構」中點擊「生成表」按鈕,即可完成表建立。

2. 建立數據查詢

(1) 輸入數據

創建表結構后,在「數據管理器」中可以看到剛才創建的表名,在該表名上單擊鼠標右鍵,選擇「打開」命令,打開「數據庫內容」對話框,如圖 6-5 所示。

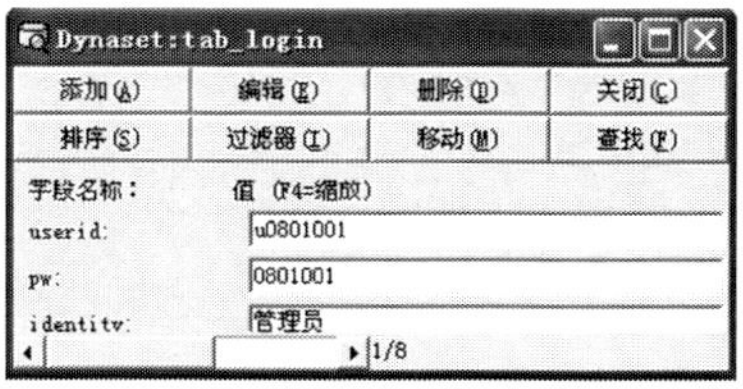

圖 6-5　數據庫內容

單擊「添加」按鈕,打開如圖 6-6 所示的「添加記錄」對話框,增加新的數據后單擊「更新」按鈕;單擊「編輯」按鈕,打開如圖 6-7 所示的「編輯記錄」對話框,對已有數據進行修改后單擊「更新」按鈕。

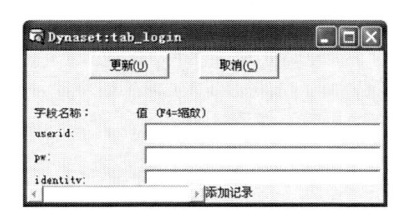

圖 6-6　添加記錄 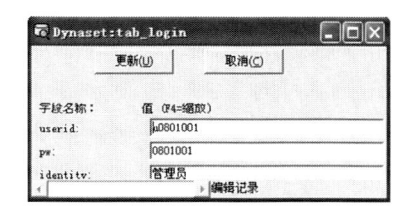　　　　　　　　圖 6-7　編輯記錄

(2) 建立數據查詢

輸入數據后,可以利用可視化數據庫管理器「實用程序」菜單中的「查詢生成

數據庫管理與應用

器」建立數據查詢，如圖6-8所示。

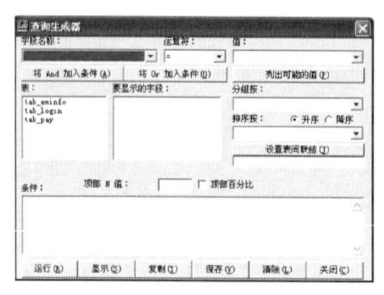

圖6-8 查詢生成器

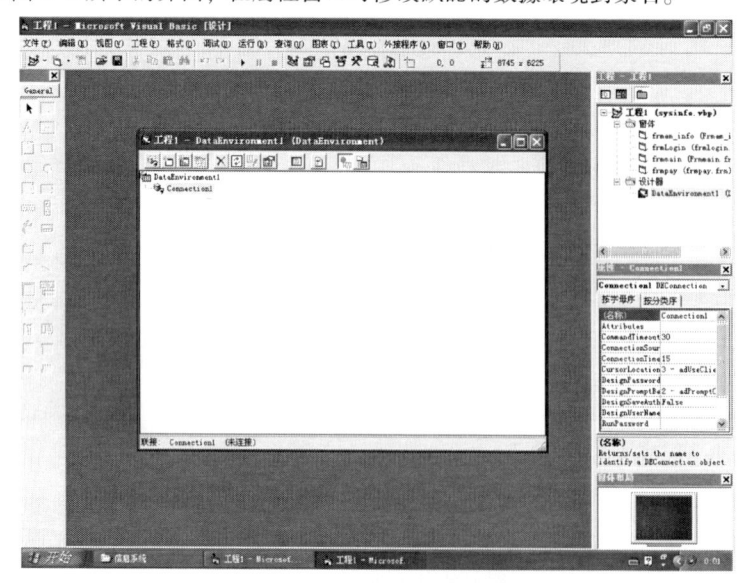

6.2.2 數據環境設計器

數據環境設計器（Data Environment）是用於建立數據庫連接和定義命令的圖形接口，是微軟在 Visual Basic 6.0 中最新加入的一個專門用於進行數據連接的工具。它不但為編程而且也為其運行時提供了一個交互的數據訪問環境。在設計時，可以在數據環境設計器中十分方便地設置 ADO 的 Connection 和 Command 對象的屬性，以及編寫回應 ADO 事件的過程代碼，並且可執行 Command 和創建合計與層次結構。

1. 給工程添加數據環境設計器

在 Visual Basic 6.0 界面的「工程」菜單中選擇「添加 Data Environment」選項，進入如圖6-9所示的界面，在屬性窗口可修改默認的數據環境對象名。

圖6-9 數據環境設計器界面

第六章　數據庫開發

2. 通過 OLE 建立與數據庫的連接

在圖 6-9 所示的 Connection 對象圖標上點擊右鍵，出現一個快捷菜單，選擇「屬性」選項，出現如圖 6-10 所示的界面。

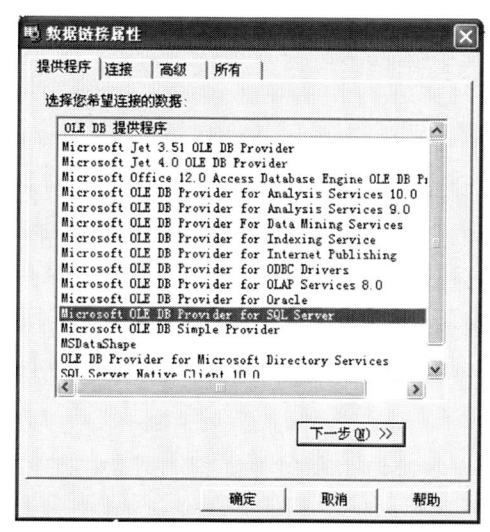

圖 6-10　數據連結屬性-選擇 OLE DB 提供程序

在圖 6-10 界面中，選擇「OLE DB 提供程序」選項內容，點擊「下一步」按鈕，進入如圖 6-11 所示的界面。

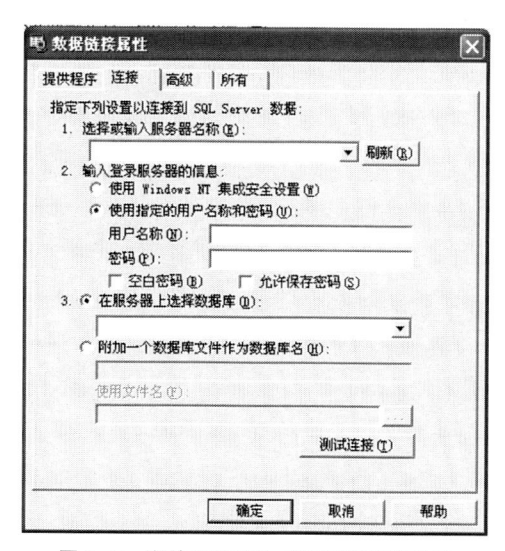

圖 6-11　數據連結屬性-設置數據庫服務器

數據庫管理與應用

在圖 6-11 中，輸入數據庫服務器名以及數據庫用戶名和密碼，點擊「測試連接」按鈕。顯示「測試連接成功」表明與數據庫成功連接，如圖 6-12 所示。

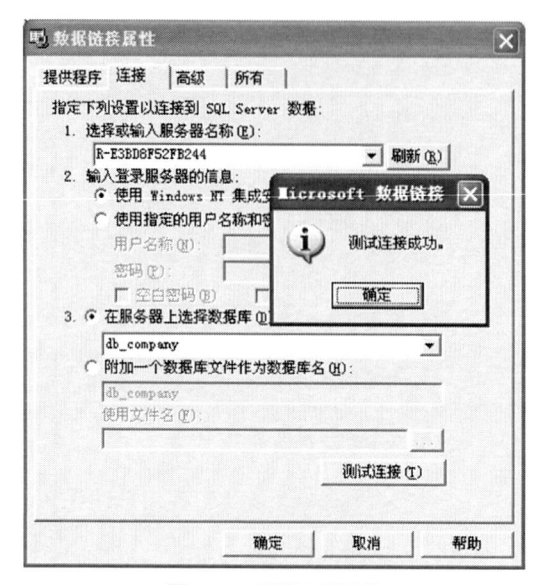

圖 6-12　數據連結測試

3. 定義命令對象

一旦創建了與數據庫的連接，即可使用 Command 對象對數據庫中的數據進行操作。

（1）在數據庫環境設計器界面中工具欄處點擊「添加命令」按鈕，即新添加了一個 Command 對象。

（2）右擊新建的 Command 對象，在出現的快捷菜單中選擇「屬性」項，進入如圖 6-13 所示的界面。

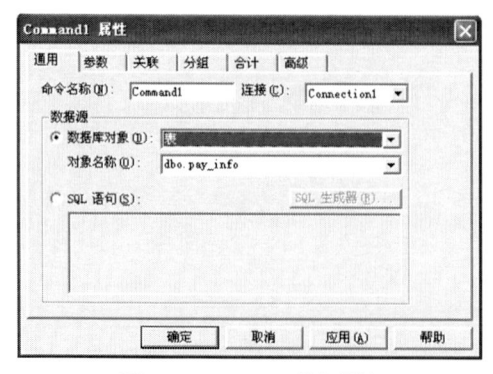

圖 6-13　Command 對象屬性

第六章 數據庫開發

（3）點擊「確定」按鈕后，Data Environment 界面中即可看到所連接表的字段名，如圖 6-14 所示。

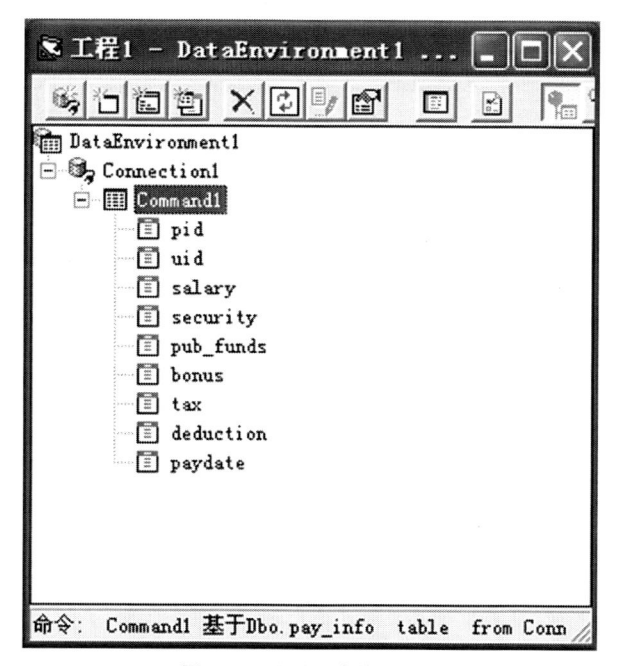

圖 6-14 所連接表的字段名

6.2.3 ODBC 數據庫訪問方法

ODBC（Open Database Connectivity，開放數據庫互連）是 Microsoft 提出的一組對數據庫訪問的接口標準 API（Application Programming Interface，應用程序編程接口）。這些 API 獨立於不同廠商的 DBMS，獨立於具體的編程語言，可利用 SQL 來完成其大部分任務。基於此，使得可應用的範圍更加廣泛，不會被有所限制。

1. 創建 ODBC 數據源

步驟如下：

（1）依次打開【控製面板】→【管理工具】→【數據源（ODBC）】選項，如圖 6-15 所示。

數據庫管理與應用

圖 6-15 數據源管理工具

（2）雙擊「數據源（ODBC）」，進入如圖 6-16 所示的界面。

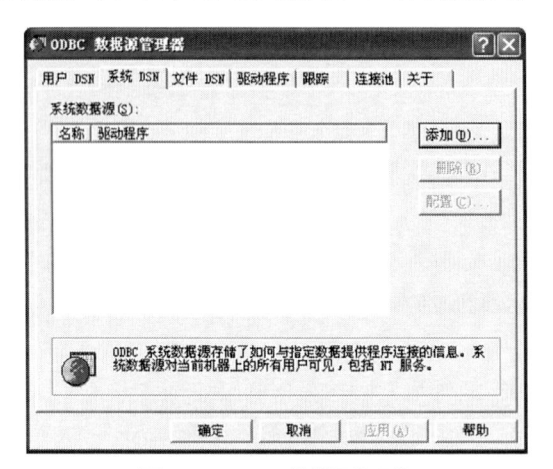

圖 6-16 ODBC 數據源管理器

①用戶 DSN：只有創建數據源的用戶才可以使用他們自己創建的數據源，而且只能在當前的計算機上使用。

②系統 DSN：任何使用你的計算機的用戶都可以使用的 DSN。

③文件 DSN：除了具有系統 DSN 的功能之外，還能被其他用戶在其他計算機上使用。

第六章　數據庫開發

本次選擇「系統 DSN」。

（3）單擊「添加」按鈕，進入圖 6-17 所示的界面。

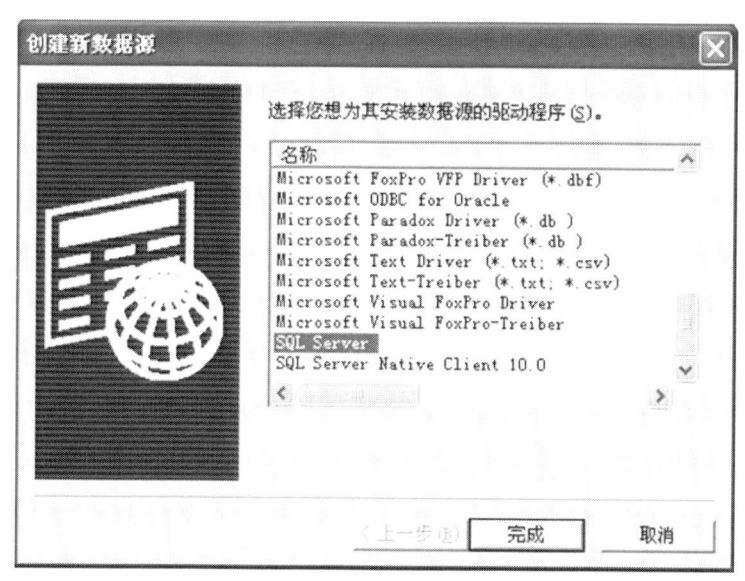

圖 6-17　創建新數據源

（4）選擇 SQL Server，單擊「完成」按鈕，進入如圖 6-18 所示的界面。

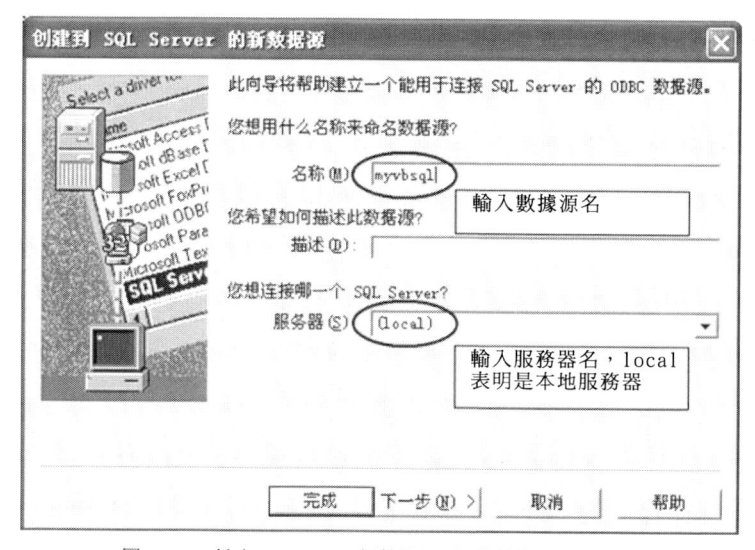

圖 6-18　創建 SQL Server 新數據源-設置數據源、服務器

139

(5) 單擊「下一步」按鈕，進入如圖 6-19 所示的界面。

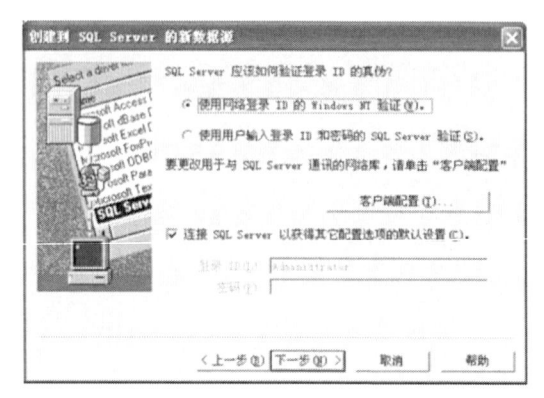

圖 6-19　創建 SQL Server 新數據源-數據庫登錄驗證方式

(6) 單擊「下一步」按鈕，進入如圖 6-20 所示的界面。

圖 6-20　創建 SQL Server 新數據源-更改默認數據庫

(7) 單擊「下一步」按鈕，進入如圖 6-21 所示的界面。

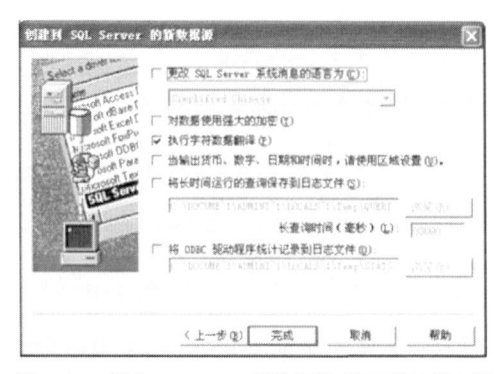

圖 6-21　創建 SQL Server 新數據源-確認系統語言等

第六章　數據庫開發

（8）單擊「完成」按鈕，進入如圖 6-22 所示的界面。

圖 6-22　ODBC Microsoft SQL Server 安裝信息

（9）單擊「測試數據源」按鈕，進入如圖 6-23 所示的界面。

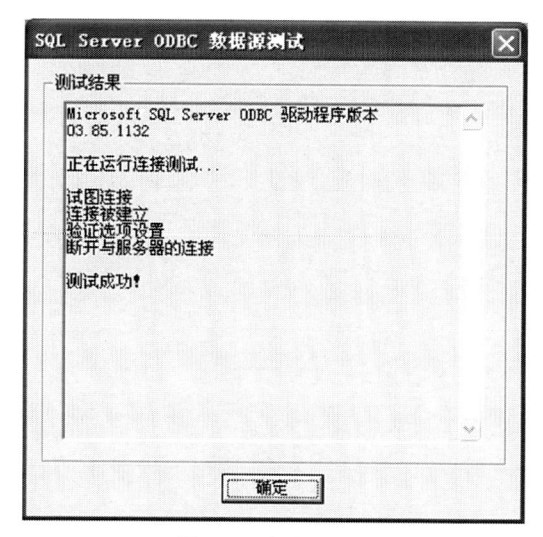

圖 6-23　數據源測試

（10）顯示測試成功后，單擊「確定」按鈕，顯示新數據源添加成功。最后單擊「確定」按鈕，進入如圖 6-24 所示的界面。

2. 連接 SQL Server 數據庫

創建 ODBC 數據源后，即可通過 Visual Basic 6.0 提供的數據庫管理器連接 SQL Server 數據庫，步驟如下：

（1）在 Visual Basic 6.0 界面中，執行「外接程序」，選擇「可視化數據管理器」項，進入如圖 6-25 所示的界面。

141

數據庫管理與應用

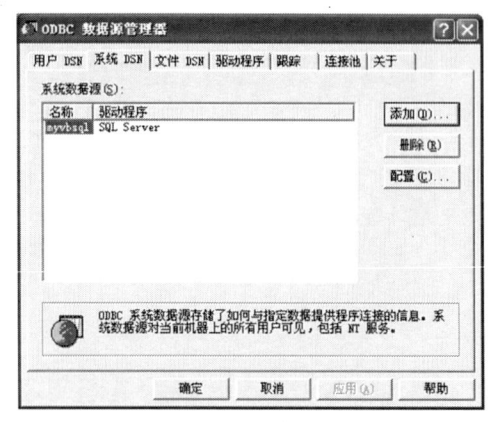

圖 6-24 ODBC 數據源添加完成

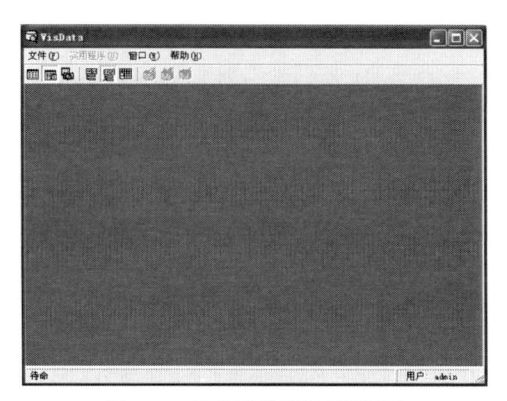

圖 6-25 可視化數據管理器界面

（2）在「文件」菜單中選擇「打開數據庫」項。在下一級菜單中選擇以「ODBC」方式打開「db_company」數據庫，過程如圖 6-26、圖 6-27 所示。

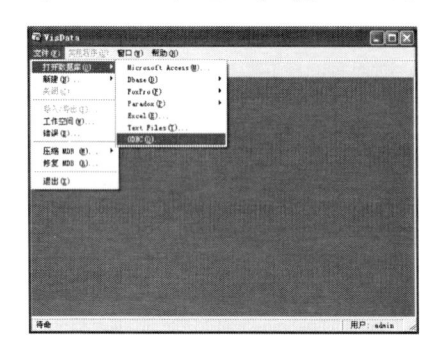

圖 6-26 以 ODBC 打開數據庫

圖 6-27 ODBC 登錄

第六章 數據庫開發

（3）在 DSN 項中選擇之前建好的數據源「myvbsql」，數據庫名稱隨之顯示，點擊「確定」按鈕，進入如圖 6-28 所示的界面。

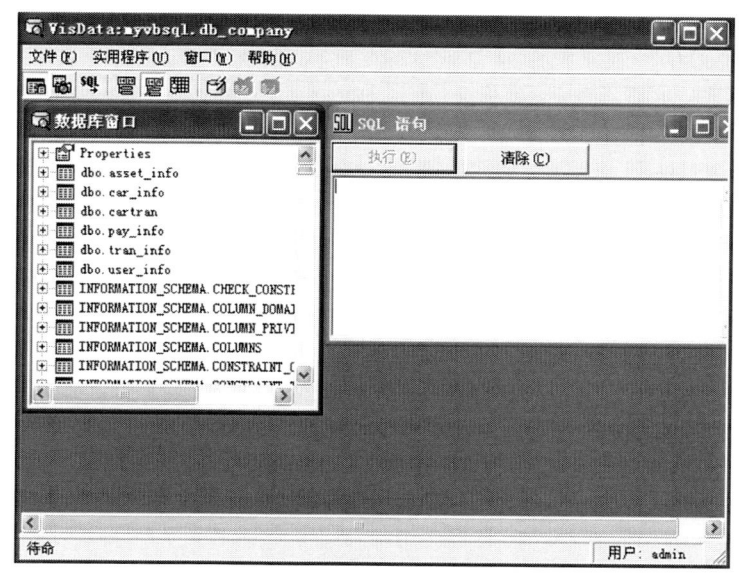

圖 6-28 數據庫中的表

在圖 6-28 所示的界面中，可以進行創建表，並對表中的數據進行查詢、插入、刪除、修改等操作。在 SQL 語句框中，也可以輸入 SQL 語句，點擊「執行」按鈕即可執行 SQL 語句。

6.2.4 Jet 數據庫引擎訪問方法

一般來說，Visual Basic 數據庫應用程序由用戶界面、數據庫引擎和數據庫三部分組成，而數據庫引擎是 Visual Basic 數據庫應用程序與數據庫之間的橋樑，應用程序通過數據庫引擎完成對數據庫的各種操作；操作結果也通過數據引擎返回到用戶界面。

在 Visual Basic 中提供了兩種與 Jet 數據庫引擎接口的方法，一種是 Data 控件，另一種是 DAO 對象。以下分別介紹這兩種方法的使用。

1. Data 控件的使用

使用這種方法只需要編寫少量程序，設置幾個屬性就可以訪問數據庫。步驟為：

第 1 步，在窗體中添加 Data 控件，具體為：雙擊 Visual Basic 工具箱中 Data 控件圖標即可添加完畢。

第 2 步，設置 Data 控件屬性，讓其與數據庫中的表連接。

①設置 Connect 屬性，指定 Data 控件要連接的數據庫類型。

數據庫管理與應用

②設置 DatabaseName 屬性，指定 Data 控件要連接的數據庫文件。
③設置 RecordSource 屬性，指定 Data 控件要連接的數據庫中的表。
第 3 步，將 Visual Basic 窗體中需要顯示數據庫中數據的控件與數據控件連接。
①設置 DataSource 屬性，確定該控件被綁定到哪個 Data 控件。
②設置 DataField 屬性，設置該控件顯示數據表中哪個字段內容。

經過以上幾步，完成了 Visual Basic 數據庫應用程序與數據庫的連接。利用 Data 控件的 Recordset 記錄集可進行瀏覽、刪除、添加、查找數據庫中的內容，但它只能處理本地數據庫，而不能連接遠程數據庫。為此，可以選擇使用 ADO 數據控件。

2. DAO 對象的使用

DAO（Data Access Object）全稱為數據訪問對象，它是數據庫編程的重要方法之一。DAO 是一種面向對象的界面接口，特色為它不是可視化的對象，要使用編碼來實現包括創建數據庫、定義表、字段和索引，建立表間的關係，定位和查詢數據庫等操作。它可以訪問 Microsoft Access 數據庫、ODBC 數據源以及其他可安裝的 ISAM 數據庫。

DAO 使用之前必須先引用，從 Visual Basic 的「工程」菜單中選擇「引用」命令，然後在彈出的「引用」對話框的列表中選擇「Microsoft DAO 3.51 Object Library」或者「Microsoft DAO 3.6 Object Library」選項，單擊「確定」按鈕，就可以使用 DAO 對象庫提供的所有對象進行編程了。DAO 對象的 Recordset 記錄集完成數據庫的相關操作，主要為其編寫主要屬性和主要方法代碼。

表 6-1 為 Recordset 記錄集的主要屬性。

表 6-1　　　　　　　　　Recordset 記錄集的主要屬性

屬性	屬性說明
AbsolutePosition	記錄集當前指針的位置，只讀，從 0 開始
Filter	記錄集中數據的過濾條件
Index	記錄集的索引
Name	記錄集的名稱
Nomatch	是否有符合查找條件的數據，布爾型
RecordCount	記錄集中記錄的個數

表 6-2 為 Recordset 記錄集的主要方法。

表 6-2　　　　　　　　　Recordset 記錄集的主要方法

方法	方法說明
AddNew	在記錄集中添加一條新的記錄
Delete	刪除當前記錄

第六章 數據庫開發

表6-2(續)

方法	方法說明
FindFirst	從記錄集的開始部分查找符合條件的第一條記錄 如：Data1.Recordset.FindFirst "Stu_No='30521003'"
FindLast	從記錄集的尾部向前查找符合條件的第一條記錄
FindPrevious	從當前記錄開始查找符合條件的上一條記錄
FindNext	從當前記錄開始查找符合條件的下一條記錄
Move	Move n，將記錄指針向前或向後移動 n 條記錄
MoveFirst	將記錄指針移動到第一條記錄
MoveLast	將記錄指針移動到最後一條記錄
MovePrevious	將記錄指針移動到上一條記錄
MoveNext	將記錄指針移動到下一條記錄
Seek	打開表的索引，然後查找符合條件的第一條記錄 如：Data1.Recordset.Index="Stu_No"，Data1.Recordset.Seek"="，"30521003"
Update	將改動的數據寫入數據庫中

除了以上編程實現之外，還要設置數據控件的方法。

（1）Refresh——刷新、重建或重新顯示與數據控件相關的記錄。用於數據源發生變化的情況。

（2）UpdateControls——將數據從數據庫中重新讀取到所綁定的控件中，相當於取消綁定控件中的修改。常用於取消當前修改的按鈕 Click 事件中。

（3）UpdateRecord——將綁定控件中的數據寫入數據庫中。常用於保存數據按鈕的 Click 事件中。

6.2.5 OLE DB 數據庫訪問方法

1. OLE DB 簡介

OLE（Object Linking and Embedding）指對象連接與嵌入，簡稱 OLE 技術。OLE DB（OLEDB）是微軟通向不同數據源的低級應用程序接口，是一組讀寫數據的方法。

OLE DB 主要由三個部分組成：

（1）數據提供者（Data Providers）

凡是透過 OLE DB 將數據提供出來的，就是數據提供者。例如 SQL Server 數據庫中的數據表，或是附文件名為 mdb 的 Access 數據庫檔案等，都是數據提供者。

（2）數據使用者（Data Consumers）

凡是使用 OLE DB 提供數據的程序或組件，都是 OLE DB 的數據使用者。換句話說，凡是使用 ADO 的應用程序或網頁都是 OLE DB 的數據使用者。

(3) 服務組件（Service Components）

數據服務組件可以執行數據提供者以及數據使用者之間數據傳遞的工作，數據使用者要向數據提供者要求數據時，是透過 OLE DB 服務組件的查詢處理器執行查詢的工作，而查詢到的結果則由指針引擎來管理。

2. ADO 數據控件

ADO（ActiveX Data Objects）ActiveX 數據對象，是 Microsoft 提出的應用程序接口（API），用以實現訪問關係或非關係數據庫中的數據，簡單來說是一種訪問數據的方法。該方法通過 OLE DB 提供者對數據庫服務器中的數據進行訪問和操作，具有易於使用、高速度、低內存支出、占用磁盤空間較少等優點。ADO 支持基於客戶端/服務器的 C/S 和基於 Web 的 B/S 應用程序。

通過 ADO 數據控件可以與數據庫建立連接，利用 Visual Basic 的文本框、列表框、組合框等標準控件以及第三方的數據綁定控件，可以將數據綁定到這些控件上進行訪問和其他操作。

ADO 的關鍵對象包括連接對象、命令對象、數據集對象。

(1) 連接對象——Connection

Connection 對象代表了一個到指定的數據源的成功連接。應用程序通過連接訪問數據源，如果連接已經成功，Connection 就會以對象的形式存在。程序中在建立連接的時候，還需要去設置連接的字符串，包括了指定連接數據庫的驅動程序，連接到的數據庫的名稱、用戶名稱和密碼等。

ConnectionString 屬性：連接字符串，在打開連接前需要進行設置。

CursorLocation 屬性：設置或者返回指針的位置。

DefaultDatabase 屬性：為連接指定一個默認的數據庫。

Isolationlevel 屬性：連接的間隔等級。

Open 方法：打開一個連接。

Close 方法：關閉一個連接。

Execute 方法：在連接上執行命令。

(2) 命令對象——Command

Command 對象是數據源要執行的一系列 SQL 操作的定義。使用 Command 對象來查詢數據庫並返回數據記錄集對象的查詢結果。Command 對象可以完成對數據的各種操作，包括 select、update、delete 等。

CommandText 屬性：定義 Command 對象的 SQL 語句。

CommandType 屬性：優化命令效率。

CommandTimeout 屬性：服務器回應命令的時間。

Execute 方法：執行命令並返回一個數據記錄集。

(3) 數據集對象——Recordset

數據集對象定義了從數據庫返回的一個記錄集合，結果以表的形式組織。通過

第六章　數據庫開發

數據記錄集可以對記錄進行各種操作。

RecordCount 屬性：返回記錄集中的條數。

BOF、EOF 屬性：記錄集中遊標的當前位置是否為記錄集頭或者記錄集尾。

MoveNext 方法：將記錄集中遊標向後移動一個位置。

MovePre 方法：將記錄集中遊標向前移動一個位置。

MoveFirst 方法：將記錄集中遊標移動到最前一個位置。

MoveLast 方法：將記錄集中遊標移動到最后一個位置。

ADO 的使用步驟簡單又符合邏輯。ADO 可以通過下面的幾個步驟來完成對數據庫的訪問操作：

第一步，創建一個數據庫連接對象 Connection。

第二步，創建一個命令行對象 Command。

第三步，執行 SQL 語句。

第四步，Select 語句返回的數據保存在數據集對象 Recordset 對象中，便於其他 SQL 語句操作。

第五步，通過對 Recordset 數據集對象進行插入、修改、刪除等操作。

第六步，更新數據源。

第七步，結束事務關閉連接。

6.3　Visual Basic 6.0 數據庫應用開發實例

6.3.1　實例簡介

嘉興運輸有限公司是一家負責物流運輸的企業。為便於管理，現需要一套能實現人員、資金以及車輛管理的管理信息系統。前臺使用 Visual Basic 6.0 設計實現，后臺使用 SQL Server 2008 數據庫設計實現。

根據與該公司相關人員溝通和商討，確定了如下信息系統的主要功能，見表 6-3。

表 6-3　　　　　　　　　　信息系統主要功能

人員管理	財務管理	運輸管理	系統管理
人員設置	資金管理	出車管理	用戶管理
員工檔案管理	收入結算	車輛設置	數據修改
考勤管理	支出結算	費用設置	數據備份
工資管理	收付款審核	跟蹤管理	數據導入
人員查詢	財務查詢	運輸查詢	數據導出

6.3.2 數據庫表結構

根據系統主要功能，設計出以下數據表（見表 6-4、表 6-5、表 6-6、表 6-7、表 6-8、表 6-9）。

表 6-4　　　　　　　　數據表結構——員工基本信息

表名稱	user_info		含義		員工基本信息	
字段名稱	字段類型	字段長度	是否主鍵	是否為空	字段含義	字段說明
uid	char(4)	4	是	否	用戶ID	
name	varchar(20)	輸入字符長度，最多不超過20		是	姓名	
sex	char(2)	2		是	性別	男、女
birthday	date	3		是	出生年月日	
entrydate	date	3		是	入職時間	
job	varchar(10)	輸入字符長度，最多不超過10		是	職位	

表 6-5　　　　　　　　數據表結構——員工工資基本信息

表名稱	pay_info		含義		員工工資基本信息	
字段名稱	字段類型	字段長度	是否主鍵	是否為空	字段含義	字段說明
pid	char(8)	8	是	否	工資編號	自增
uid	char(4)	4		否	用戶ID	外鍵
salary	smallmoney	4		否	基本工資	
security	smallmoney	4		否	社保	
pub_funds	smallmoney	4		否	公積金	
bonus	smallmoney	4		是	獎金	
tax	smallmoney	4		是	個人所得稅	
deduction	smallmoney	4		是	扣發	
paydate	smalldatetime	4		否	工資生成時間	

第六章　數據庫開發

表 6-6　　　　　　　　　　數據表結構——公司資金基本信息

表名稱	asset_info		含義		公司資金基本信息	
字段名稱	字段類型	字段長度	是否主鍵	是否為空	字段含義	字段說明
asid	char(8)	8	是	否	資金編號	自增
uid	char(4)	4		否	用戶 ID	外鍵
payout	varchar(20)	輸入字符長度，最多不超過 20		是	支出項	
payoutnum	smallmoney	4		是	支出數	
income	varchar(20)	輸入字符長度，最多不超過 20		是	收入項	
incomenum	smallmoney	4		是	收入數	
assetdate	smalldatetime	4		否	資金發生時間	

表 6-7　　　　　　　　　　數據表結構——車輛基本信息

表名稱	car_info		含義		車輛基本信息	
字段名稱	字段類型	字段長度	是否主鍵	是否為空	字段含義	字段說明
cid	char(4)	4	是	否	車輛編號	
loads	int	4		否	載重量	
price	smallmoney	4		否	運費單價	

表 6-8　　　　　　　　　　數據表結構——運輸基本信息

表名稱	tran_info		含義		運輸基本信息	
字段名稱	字段類型	字段長度	是否主鍵	是否為空	字段含義	字段說明
tid	char(8)	8	是	否	運單號	自增
startdate	smalldatetime	4		否	發車時間	外鍵
startloc	varchar(20)	輸入字符長度，最多不超過 20		否	發車地點	
stopdate	smalldatetime	4		否	收車時間	
stoploc	varchar(20)	輸入字符長度，最多不超過 20		否	收車地點	
cid	char(4)	4		否	承運車輛編號	外鍵

表 6-9　　　　　　　　數據表結構——車輛基本信息

表名稱	cartran		含義		車輛基本信息	
字段名稱	字段類型	字段長度	是否主鍵	是否為空	字段含義	字段說明
tid	char(8)	8	是	否	運單號	
cid	char(4)	4	是	否	車輛編號	
uid	char(4)	4		否	用戶 ID	外鍵

6.3.3 連接 ODBC 數據源實現數據查詢

在前面已對 ODBC 作了介紹。ODBC 是一組對數據庫訪問的接口標準 API，獨立於具體的編程語言。以下將使用 ADO 數據控件以 ODBC 的方式連接數據庫，並將查詢到數據庫中的數據顯示出來。

在嘉興運輸有限公司管理信息系統中，有一項【人員管理】功能，其中【人員查詢】是實現對該公司員工個人信息查詢。根據對數據庫表的設計，對員工信息的查詢實際是對「user_info 員工基本信息表」查詢，然後將查詢到的結果返還回 Visual Basic 界面中。

前面的內容已經講到 Visual Basic 數據庫應用程序由用戶界面、數據庫引擎和數據庫三部分組成。本部分內容將著重對應用程序用戶界面與數據庫的連接進行介紹，而數據庫的建立和用戶界面的實現在本書前面章節中已經有所講解，這裡不再贅述。

1. 設計 Visual Basic 界面

員工基本信息表中包含：用戶 ID、姓名、性別、出生年月日、入職時間、職位等字段，因此 Visual Basic 界面中應該有相應的控件供查詢結果的顯示。另外，還需要添加作為「橋樑」作用的數據控件 ADO。ADO 數據控件不是常用控件，因此需要提前通過 Visual Basic 6.0【工程】菜單中的【部件】，選中「Microsoft ADO Data Control 6.0（OLEDB）」將其添加到工具箱中，然後再在 Visual Basic 界面中新建該控件。完成的 Visual Basic 界面如圖 6-29 所示。

2. ADO 數據控件連接數據源

ODBC 數據源已經建立，數據源名稱為「myvbsql」，建立過程如第六章第二節所述。接下來選中數據控件，在其屬性窗口中單擊 Adodc 控件 ConnectionString 屬性的符號「…」，出現 Adodc「屬性頁」對話框，選擇「使用 ODBC 數據源名稱」下拉菜單中之前建立的數據源 myvbsql，然後點擊「確定」按鈕，即完成數據控件與數據源的連接，如圖 6-30 所示。

接下來設置記錄源，單擊 Adodc 控件 RecordSource 屬性的符號「…」，在彈出「屬性頁」對話框中選擇「命令類型」為數據表「2-adCmdTable」，並在「表或存儲過程名稱」下拉列表框中選擇員工基本信息表「user_info」。單擊「確定」按鈕，返回窗體的設計視圖，Adodc 控件設置完畢。如圖 6-31 所示。

第六章　數據庫開發

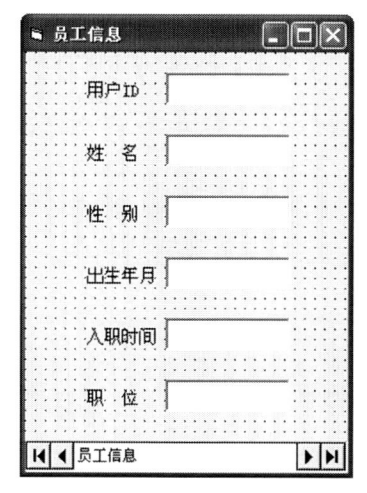

圖 6-29　員工信息 Visual Basic 界面

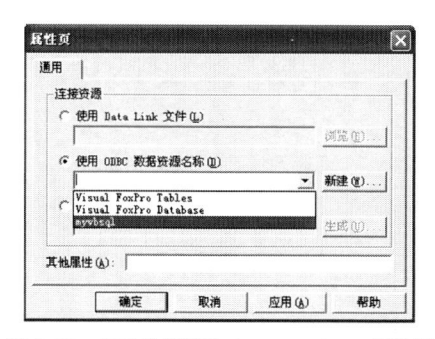

圖 6-30　ADO 數據控件 ConnectionString 屬性頁

圖 6-31　ADO 數據控件 RecordSource 屬性頁

151

數據庫管理與應用

3. Visual Basic 界面控件連接數據控件

作為「橋樑」作用的數據控件與數據源建立連接后，數據控件的另一端應該與應用程序建立連接，具體應該將 Visual Basic 界面中待顯示查詢結果的控件（Data Source——指定要綁定的數據控件名；DataField——指定要綁定的表的字段名）分別設置成數據控件和對應的字段名，如用戶 ID 對應文本框綁定字段名為「uid」。點擊 Visual Basic 程序的「運行」按鈕，可看到查詢到的表中結果，如圖 6-32 所示。

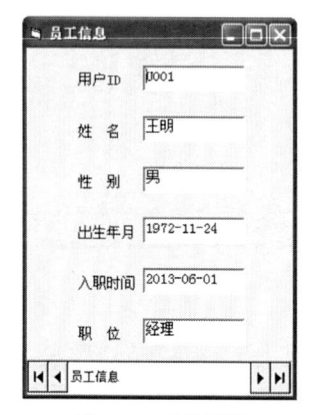

圖 6-32 查詢結果

6.3.4 以 OLE DB 提供者實現數據增加

前面小節中已經講到，OLE DB（OLEDB）是微軟通向不同數據源的低級應用程序接口，是一組讀寫數據的方法。在 Visual Basic 6.0 中，使用 ADO 數據控件實現其對數據的訪問，有易於使用、高速度、低內存支出、占用磁盤空間較少的主要優點。ADO 支持基於客戶端/服務器的 C/S 和基於 Web 的 B/S 應用程序。以下將使用 ADO 編程實現數據增加。

在嘉興運輸有限公司管理信息系統中，有一項【運輸管理】功能，其中【出車管理】是實現對該公司物流運單的管理。根據對數據庫表的設計，對出車信息的管理實際是對「tran_info 運輸基本信息表」的數據增加。

1. 設計 Visual Basic 界面

在運輸基本表中包含有運單號、發車時間、發車地點、收車時間、收車地點、承運車輛等字段，且字段的數據類型有所規範。因此，在 Visual Basic 界面的設計應該將「發車時間」、「收車時間」使用 Visual Basic 程序控件 DTPicker 來選擇和設置時間，而非手工輸入；否則，可能會造成數據類型與對應字段數據類型不匹配的情況，進而無法寫入數據庫，也就無法實現數據添加。為了數據庫數據的一致，「承運車輛」應該調用數據庫中「車輛編號 cid」字段數據來供選擇和設置；「運單號」

第六章 數據庫開發

應該由系統根據規則採用觸發器自動生成。這樣，設計好的 Visual Basic 界面如圖 6-33 所示，其中控件屬性設置修改如表 6-10 所示。

表 6-10 控件屬性設置修改

控件名稱	屬性	修改值	對應字段	功能
Text1	Text	Txttid	tid	運單號
Text2	Text	Txtstartloc	startloc	發車地點
Text3	Text	Txtstoploc	stoploc	收車地點
DTPicker1	Name	DTPstartdate	startdate	發車時間
DTPicker2	Name	DTPstopdate	stopdate	收車時間
Combo1	Name	Cmbcid	cid	承運車輛

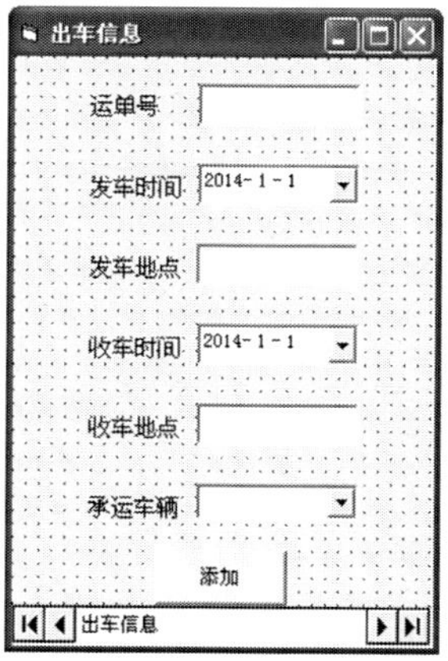

圖 6-33 出車信息 Visual Basic 界面

2. ADO 數據控件連接數據庫

ADO 數據控件不是常用控件，因此需要提前通過 Visual Basic 6.0【工程】菜單中的【部件】，選中「Microsoft ADO Data Control 6.0（OLEDB）」將其添加到工具箱中，然後再在 Visual Basic 界面中新建該控件。

（1）修改屬性方式連接數據庫

單擊 Adodc 控件 ConnectionString 屬性的符號「…」，出現 Adodc「屬性頁」對話框，出現「數據連結屬性」頁面，選擇 OLE DB 提供程序「Microsoft OLE DB Provider for SQL Server」，點擊「下一步」按鈕，如圖 6-34 所示。在新出現的頁面中，單擊「使用連接字符串」後的「生成」按鈕，在出現的「數據連結屬性」頁面中選擇服務器名稱以及服務器上數據庫名，如圖 6-35 所示。為保險起見，點擊「測試連接」按鈕，當顯示連接成功後即可點擊「確定」按鈕，在 Adodc「屬性頁」中

153

數據庫管理與應用

即可看到已連接的字符串值，如圖 6-36 所示。

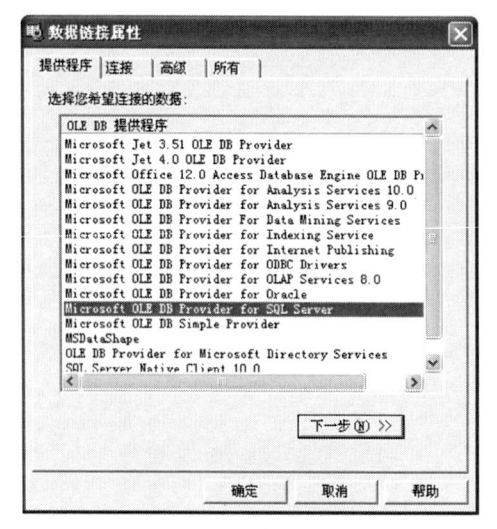

圖 6-34　數據連結屬性

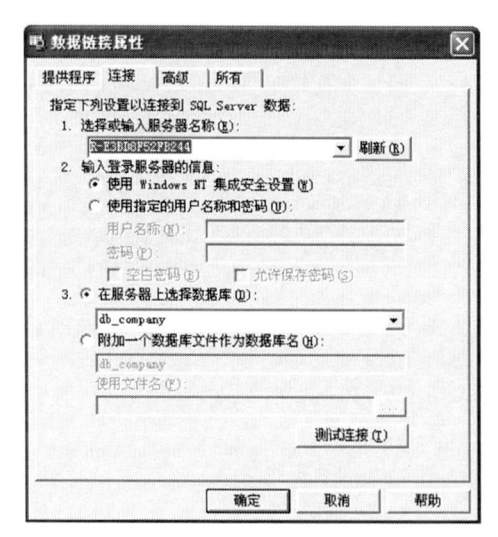

圖 6-35　數據連結屬性

　　接下來設置 Adodc 數據控件的 RecordSource 屬性，選擇「運輸基本表 tran_info」，如圖 6-37 所示。
　　這種屬性修改的數據庫連接方式經過實踐證明，發現數據庫的存放路徑表達是使用的絕對路徑，若當需要時，數據庫以及應用程序改變了存放路徑，將導致系統不能使用，因此這樣的方式有局限性，進而可以使用下面編寫代碼方式連接數據庫。

154

第六章 數據庫開發

圖 6-36 Adodc 屬性頁

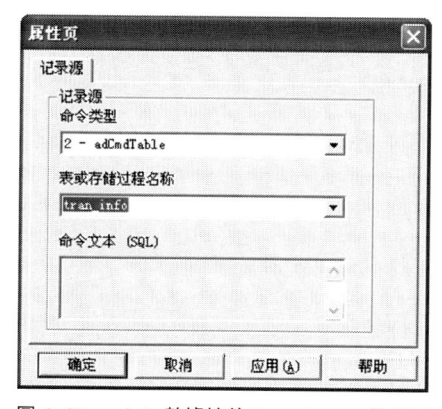

圖 6-37 Adodc 數據控件 RecordSource 屬性頁

（2）編寫代碼方式連接數據庫

代碼實現連接數據庫的方法比較靈活，代碼實現其中之一為：

Dim mycon As ADODB. Connection　'數據連接對象

Dim myrt As ADODB. Recordset　'記錄集對象

Dim strsql As String　' SQL 語句字符串變量

Set mycon = New ADODB. Connection　'創建新數據連接對象

Set myrt = New ADODB. Recordset　'創建新記錄集對象

mycon. ConnectionString = " Provider = SQLOLEDB. 1; Integrated Security = SSPI; Persist Security Info = False; Initial Catalog = db_company; Data Source = (local)"

'「db_company」為數據庫名，Data Source 值（local）指本地數據庫服務器

mycon. Open　'打開數據連接對象

在 Visual Basic 6.0 程序中，將以上代碼添加在需要連接數據庫的相應事件中。如需要程序一運行就連接數據庫，那麼以上代碼應該出現在 Form_Load（）事件中，如在點擊了「確定」命令按鈕后連接數據庫，那麼以上代碼應該出現在該命令按鈕

155

數據庫管理與應用

的 Click () 事件中。

3. 編程實現數據增加

當數據庫連接后，即可對其進行各種操作。代碼實現如下：

If Txttid. Text <> "" And DTPstartdate. Value <> "" And Txtstartloc. Text <> "" And DTPstopdate. Value <> "" And Txtstoploc. Text <> "" And Cmbcid. Text <> "" Then

　　strsql = " insert into tran_info（tid，startdate，startloc，stopdate，stoploc，cid）values ('" & Txttid. Text & "', '" & DTPstartdate. Value & "', '" & Txtstartloc. Text & "', '" & DTPstopdate. Value & "', '" & Txtstoploc. Text & "', '" & Cmbcid. Text & "')"

　　myrt. Open strsql, mycon　　'打開記錄集對象，即執行 SQL 語句

　　MsgBox "數據已保存"

　　mycon. Close　　'關閉數據連接對象

Else：MsgBox "請設置正確出車信息"

End If

由於數據庫「運輸基本信息表 tran_info」中的運單號、發車時間、發車地點、收車時間、收車地點、承運車輛等字段不允許為空，因此以上代碼首先在判斷了 Visual Basic 界面中控件內是否有內容輸入，在保證不為空的情況下，再通過執行 Insert into 語句完成寫入數據庫，即達到增加數據的目的，最后要保證數據庫的安全，應及時關閉了數據連接。

6.3.5　以 OLE DB 提供者實現數據刪除

在嘉興運輸有限公司管理信息系統中，有一項【系統管理】功能，其中【人員管理】中可能會對某個員工在離職后做刪除其個人信息的操作。根據對數據庫表的設計，本次操作會使用到「員工基本信息表 user_info」。

1. 設計 Visual Basic 界面

為了保證不會誤操作，在日常操作中應在查詢到數據表中數據后，在確認無誤的情況下再進行刪除操作。為了能更為全面的顯示員工信息，可以使用數據表格 DataGrid 控件來顯示。DataGrid 控件不是常用控件，因此需要提前通過 Visual Basic 6.0【工程】菜單中的【部件】，選中「Microsoft DataGrid Control 6.0（OLEDB）」將其添加到工具箱中，然后再在 Visual Basic 界面中新建該控件，同時添加 ADO 數據控件。這樣，設計好的 Visual Basic 界面如圖 6-38 所示。

2. DataGrid 控件連接數據控件

ADO 數據控件連接數據庫的實現同上一小節，這裡不再贅述。當 ADO 數據控件完成了連接數據庫的工作后，應該將 DataGrid 控件與 ADO 數據控件連接，這樣才

第六章　數據庫開發

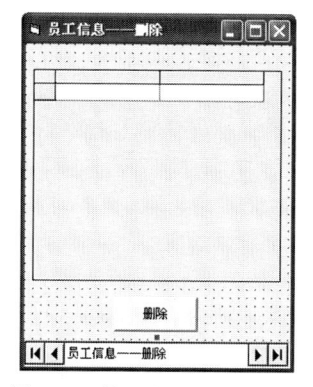

圖 6-38　員工信息刪除 VB 界面

能顯示出全部員工的信息，以便確認刪除哪位員工信息。

代碼實現如下：

Dim mycon As ADODB. Connection　'數據連接對象

Dim myrt As ADODB. Recordset　'記錄集對象

Set mycon = New ADODB. Connection　'創建新數據連接對象

Set myrt = New ADODB. Recordset　'創建新記錄集對象

mycon. ConnectionString = " Provider = SQLOLEDB. 1; Integrated Security = SSPI; Persist Security Info = False; Initial Catalog = db_company; Data Source = (local)"

mycon. Open　'打開數據連接對象

strsql = "select * from user_info"

myrt. Open strsql, mycon, adOpenStatic, adLockReadOnly　'打開記錄集對象

Set DataGrid_del. DataSource = myrt　'設置 DataGrid_del 控件的數據源為新建記錄集

程序運行時，DataGrid 控件中顯示員工基本信息，如圖 6-39 所示。

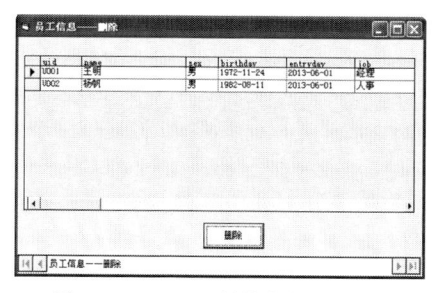

圖 6-39　DataGrid 控件中的員工信息

3. 編碼實現數據刪除

在 DataGrid 控件中去選擇需要刪除哪位員工的基本信息，選中後，點擊「刪

數據庫管理與應用

除」按鈕后在得到確認的前提下，刪除該位員工的基本信息。

代碼實現如下：

Dim mycon As ADODB. Connection

Dim myrt As ADODB. Recordset

Dim mycmd As ADODB. Command   '命令對象

choice = MsgBox ("是否要刪除" + myrt! uid + "號員工的信息?", vbYesNo, "提示")

If choice = vbYes Then

Set mycmd = New ADODB. Command

mycmd. ActiveConnection = mycon

mycmd. CommandText = "delete from user_info where uid='" & myrt! uid & "'"

mycmd. Execute

MsgBox "數據庫中" + myrt! uid + "號員工的信息已成功刪除", "提示"

End if

為了執行 Delete 語句，在以上代碼中新添加了一個命令對象。通過該對象的 Execute 命令執行了刪除語句，並通過 Msgbox 語句給予提示完成刪除。

程序運行刪除過程如圖 6-40、圖 6-41 所示。

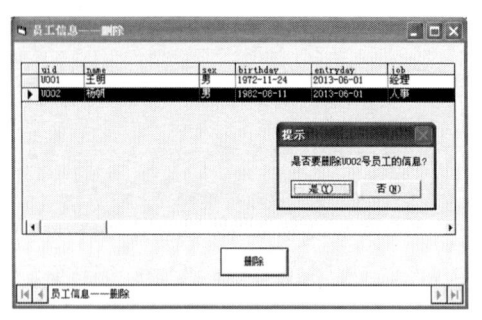

圖 6-40 確認刪除

圖 6-41 刪除成功

對於修改的功能，讀者可自行驗證，其原理為先查詢到需要修改那條記錄，然后使它處於編輯狀態，改好后再次寫入數據庫中，這裡不再贅述。

第七章　上機實驗指導

7.1　實驗指導一——SQL Server 2008 安裝

【實驗要求目的】
安裝 SQL Server 2008 版本。
【實驗內容】
從光盤或者網絡獲取 SQL Server 2008 的安裝資源，進行數據庫的安裝。
（1）雙擊安裝文件中的「setup.exe」文件，SQL Server 2008 會自動檢測計算機環境，並安裝相應的組件或者軟件，如果用戶之前已經安裝過相應的組件或者軟件，則進入「SQL Server 安裝中心」界面，如圖 7-1 所示，單擊左側的「安裝」選項。

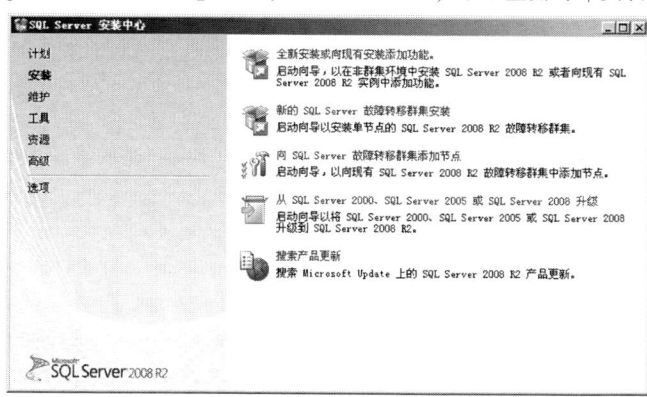

圖 7-1　安裝步驟一

數據庫管理與應用

（2）系統進入「安裝程序支持規則」界面，如圖 7-2 所示，單擊「確定」按鈕。

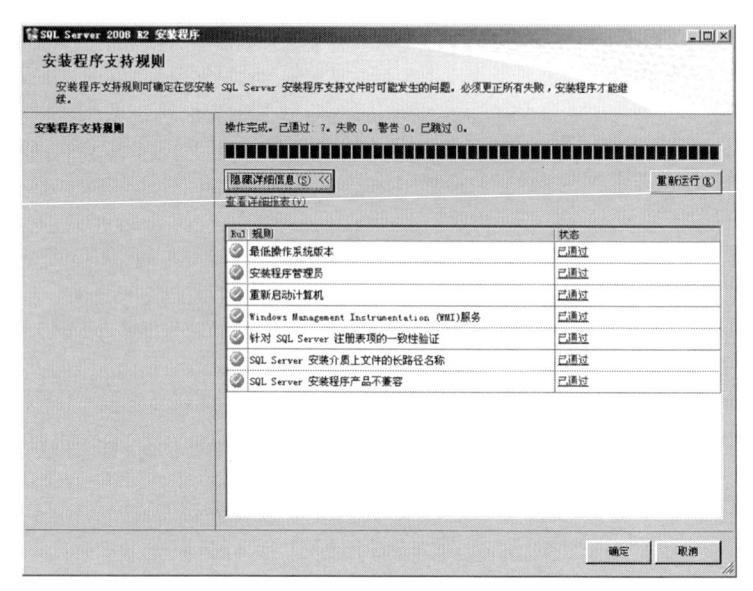

圖 7-2　安裝步驟二

（3）系統進入「產品密鑰」界面，選擇單選按鈕「指定可用版本」，在下拉框中選擇「Evaluation」，如圖 7-3 所示，單擊「下一步」按鈕。

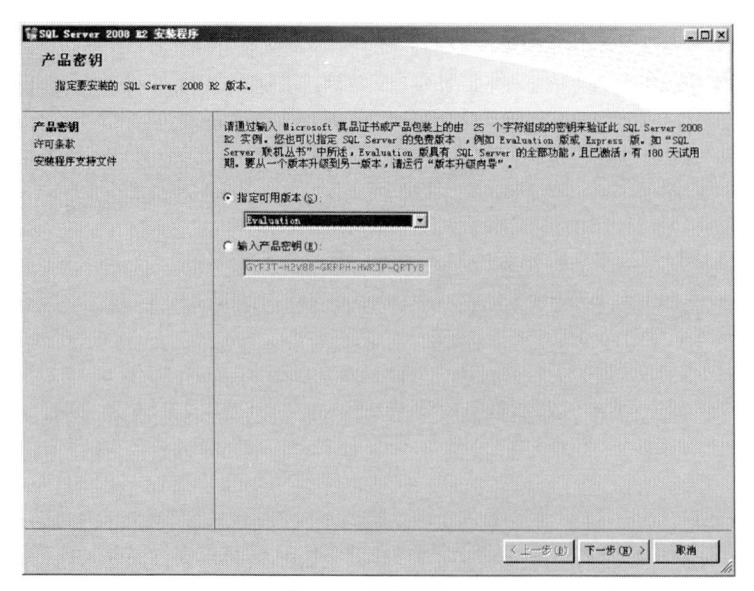

圖 7-3　安裝步驟三

第七章　上機實驗指導

（4）系統進入「許可條款」窗口，勾選「我接受許可條款」，如圖 7-4 所示，單擊「下一步」按鈕。

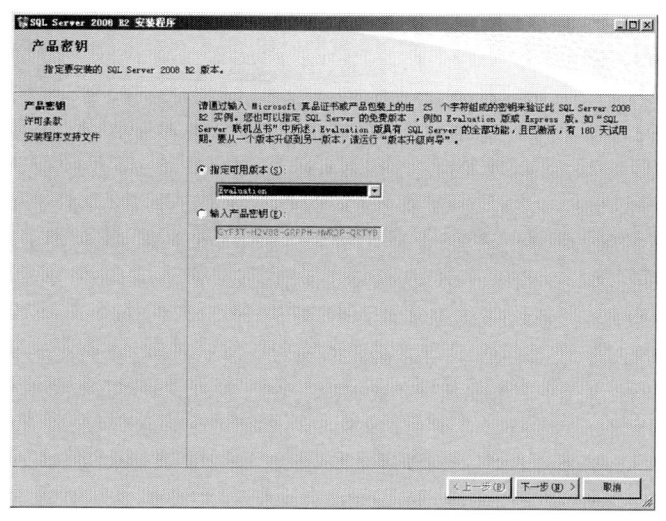

圖 7-4　安裝步驟四

（5）系統進入「安裝支持文件」窗口，如圖 7-5 所示，單擊「安裝」按鈕。

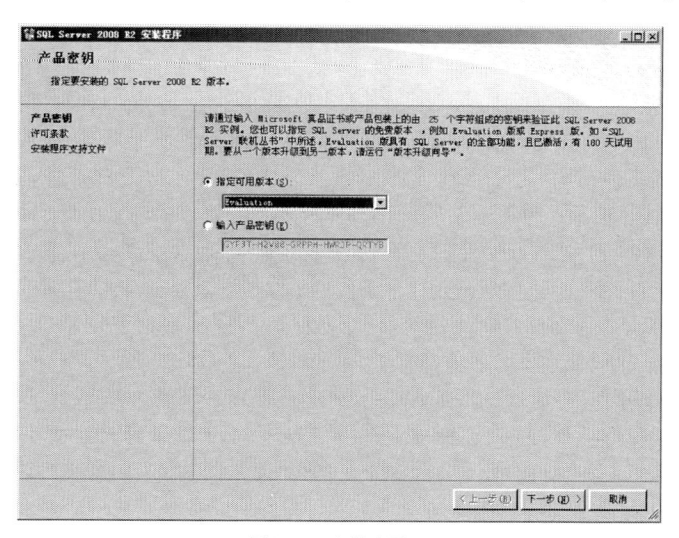

圖 7-5　安裝步驟五

161

數據庫管理與應用

（6）系統進入「安裝程序支持規則」窗口，如圖7-6所示，單擊「下一步」按鈕。

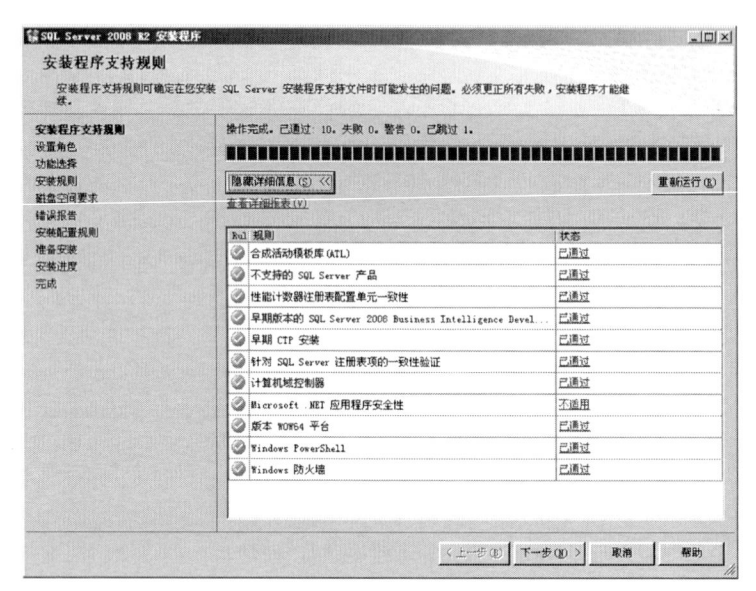

圖7-6　安裝步驟六

（7）系統進入「設置角色」窗口，如圖7-7所示，單擊「下一步」按鈕。

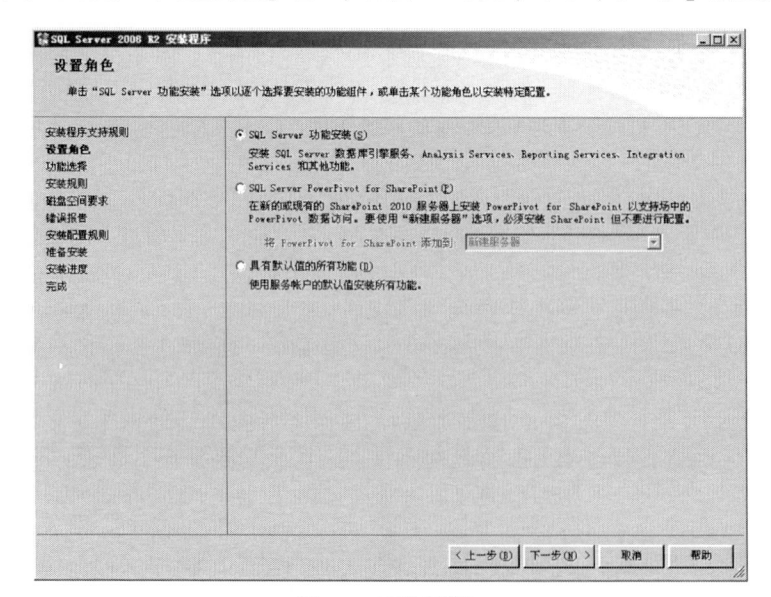

圖7-7　安裝步驟七

第七章　上機實驗指導

(8) 系統進入「功能選擇」窗口，如圖 7-8 所示，單擊「下一步」按鈕。

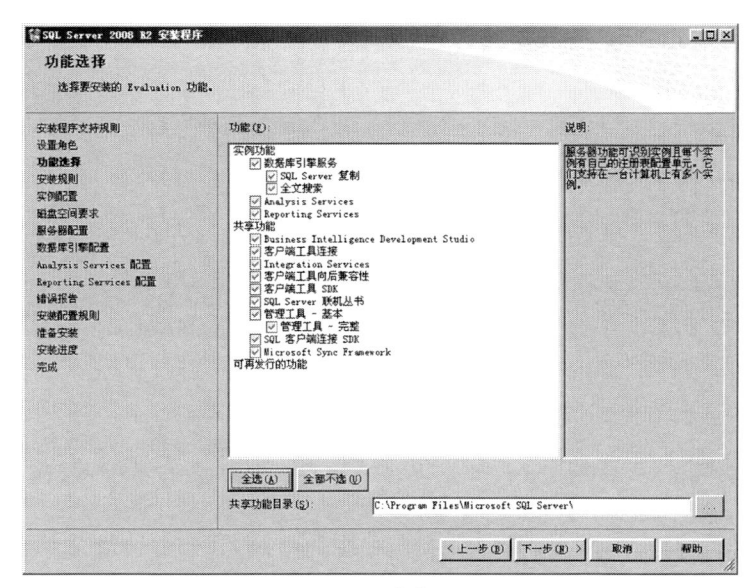

圖 7-8　安裝步驟八

(9) 系統進入「安裝規則」窗口，如圖 7-9 所示，單擊「下一步」按鈕。

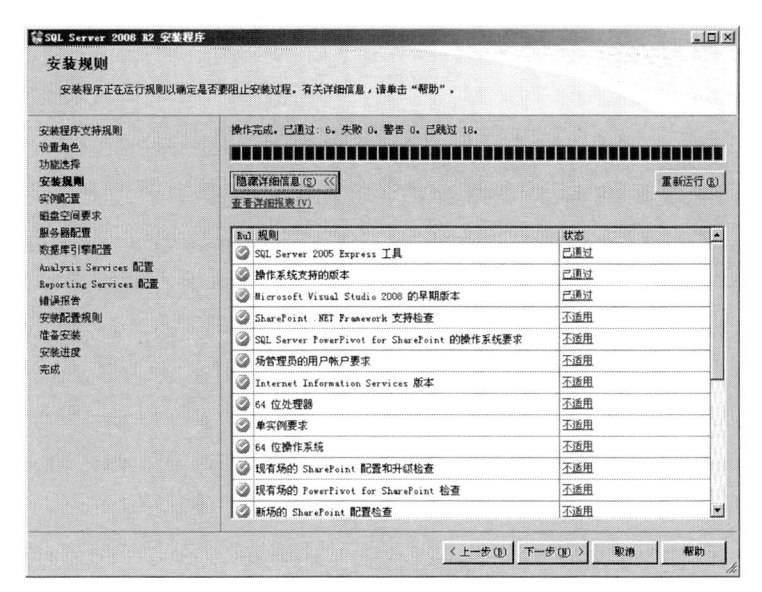

圖 7-9　安裝步驟九

(10) 系統進入「實例配置」窗口，如圖 7-10 所示，選擇單選按鈕「默認實

163

數據庫管理與應用

例」，可以根據需要設置「實例 ID」和「實例根目錄」，設置完成後，單擊「下一步」按鈕。

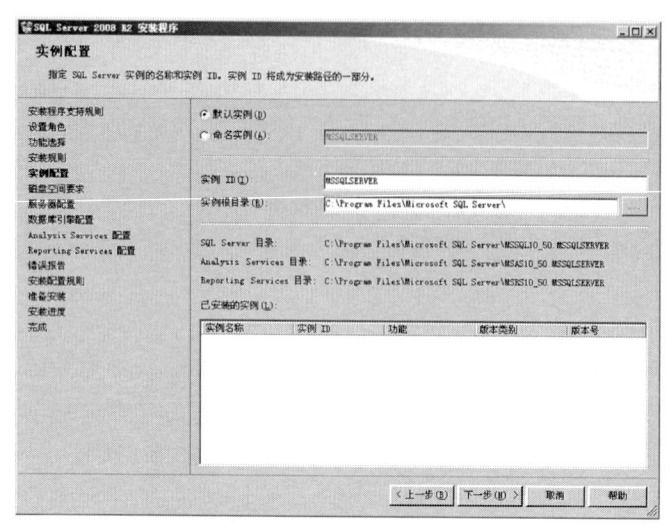

圖 7-10　安裝步驟十

（11）系統進入「磁盤空間要求」界面，如圖 7-11 所示，列出「磁盤使用情況摘要」，單擊「下一步」按鈕。

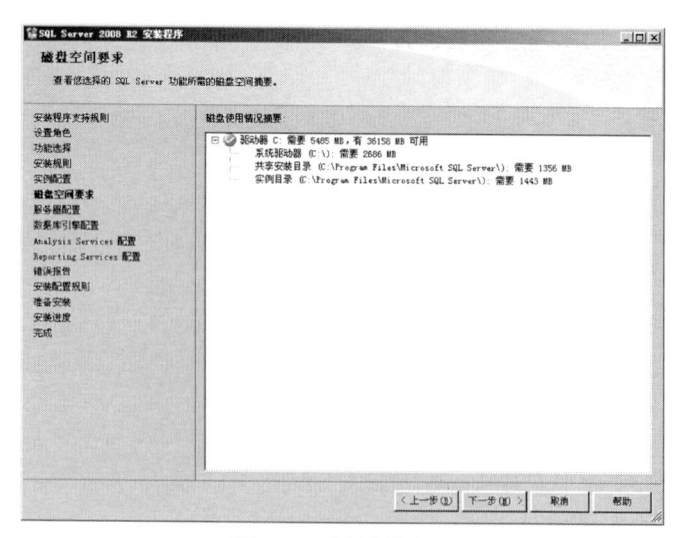

圖 7-11　安裝步驟十一

（12）系統進入「服務器配置」窗口，如圖 7-12 所示，單擊「對所有 SQL Server 服務使用相同的帳戶」，根據系統提示，選擇相應帳戶名，單擊「確定」按鈕

第七章　上機實驗指導

后，再單擊「下一步」按鈕。

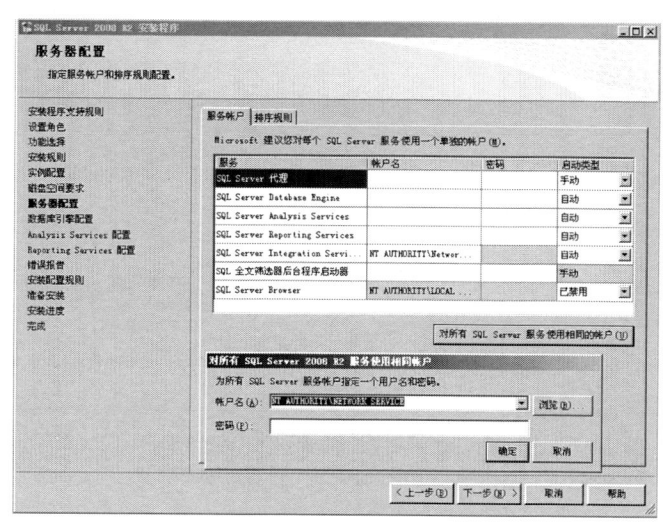

圖 7-12　安裝步驟十二

（13）系統進入「數據庫引擎配置」窗口，選擇單選按鈕「混合模式（SQL Server 身分驗證和 Windows 身分驗證）」，輸入密碼並確認，再單擊「添加當前用戶」按鈕，系統將當前 Windows 用戶添加為 SQL Server 管理員，如圖 7-13 所示，單擊「下一步」按鈕。

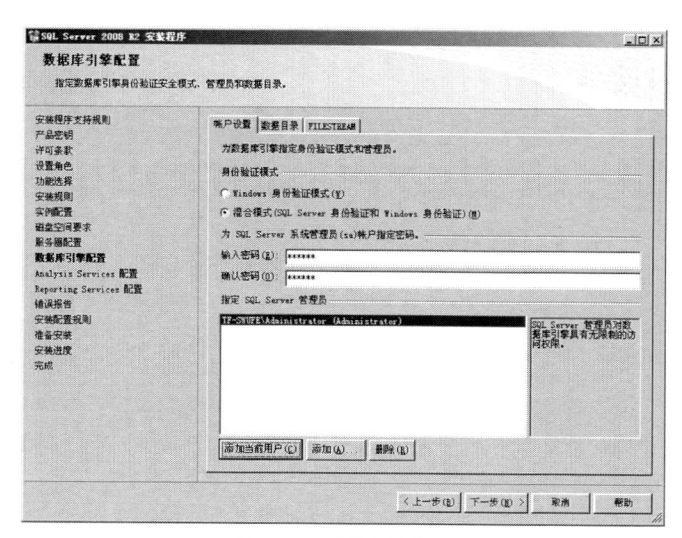

圖 7-13　安裝步驟十三

（14）系統進入「Analysis Services 配置」窗口，單擊「添加當前用戶」按鈕，

165

添加當前用戶為 Analysis Services 管理員，如圖 7-14 所示，單擊「下一步」按鈕。

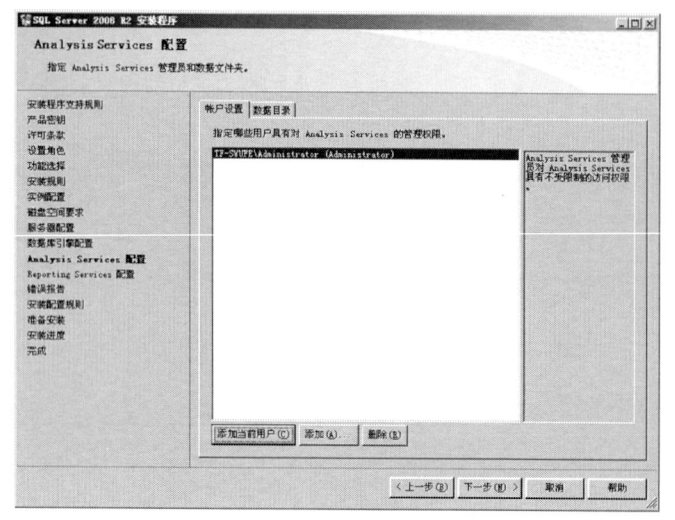

圖 7-14　安裝步驟十四

（15）系統進入「Reporting Services 配置」窗口，選擇單選按鈕「安裝本機模式默認配置」，如圖 7-15 所示，單擊「下一步」按鈕。

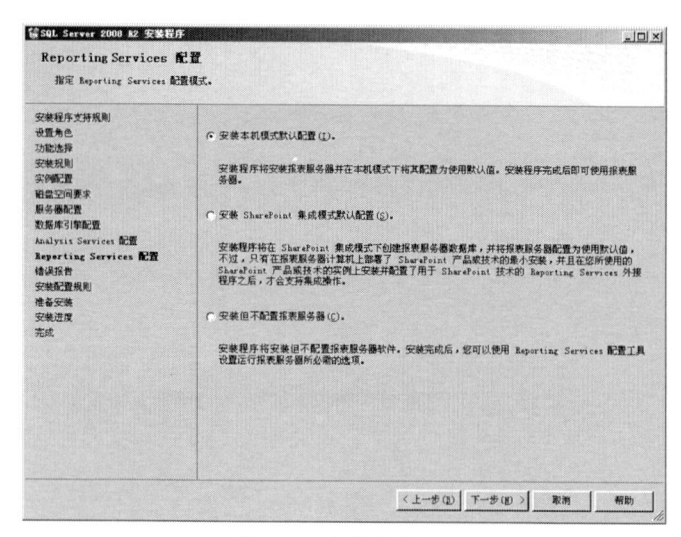

圖 7-15　安裝步驟十五

（16）系統彈出「錯誤報告」窗口，如圖 7-16 所示，單擊「下一步」按鈕。

第七章　上機實驗指導

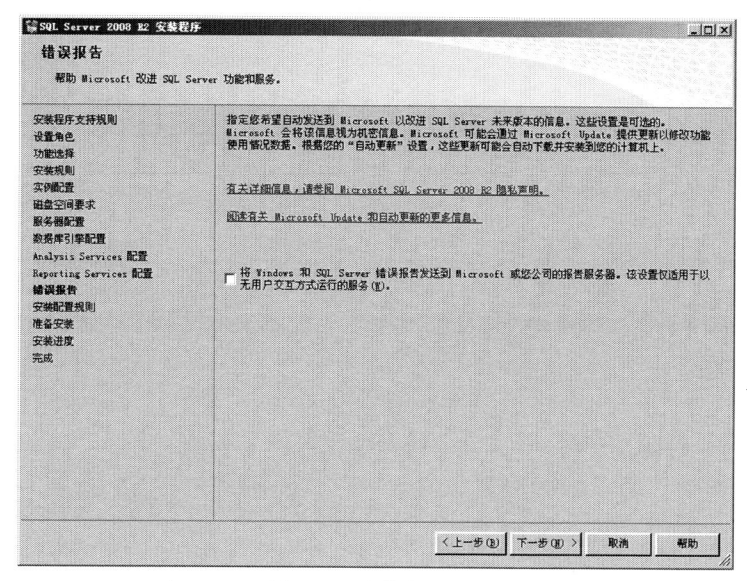

圖 7-16　安裝步驟十六

（17）系統進入「安裝配置規則」窗口，如圖 7-17 所示，單擊「下一步」按鈕。

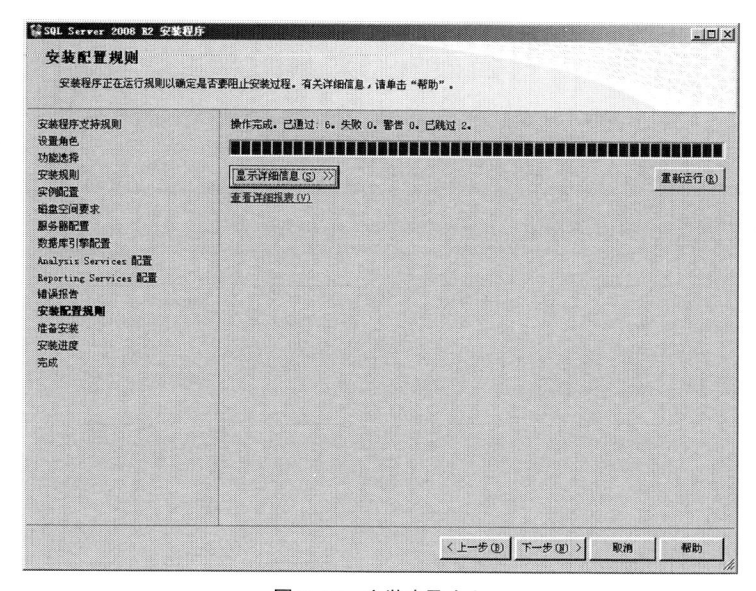

圖 7-17　安裝步驟十七

（18）系統進入「準備安裝」窗口，如圖 7-18 所示，單擊「安裝」按鈕。

167

數據庫管理與應用

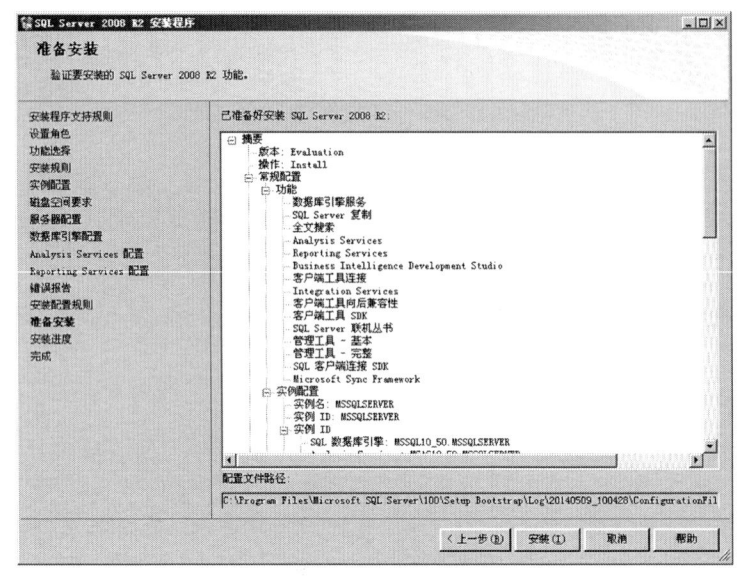

圖 7-18　安裝步驟十八

（19）安裝過程中，系統會進行安裝進度的提示，如圖 7-19 所示。

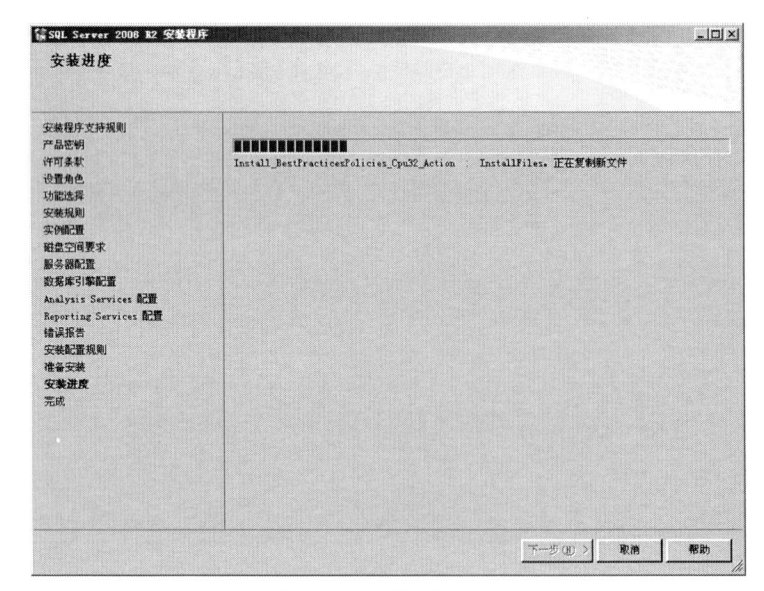

圖 7-19　安裝步驟十九

（20）SQL Server 2008 安裝成功后，系統彈出「完成」窗口，如圖 7-20 所示，單擊「關閉」按鈕。

第七章　上機實驗指導

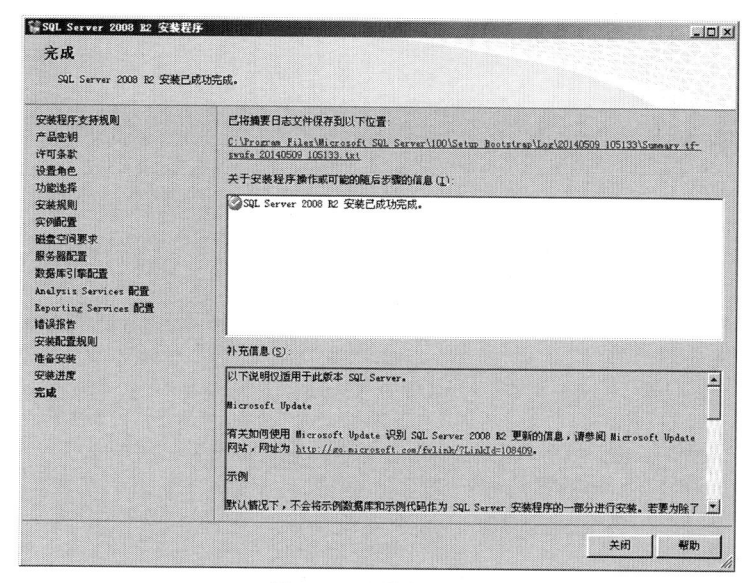

圖 7-20　安裝步驟二十

（21）系統彈出「必須重新啓動計算機才能完成 SQL Server 的安裝」提示窗口，如圖 7-21 所示，單擊「確定」按鈕。

圖 7-21　安裝步驟二十一

（22）計算機重啓完成後，執行【開始】→【所有程序】→【Microsoft SQL Server 2008 R2】→【SQL Server Management Studio】選項，系統彈出「連接到服務器」窗口，身分驗證選擇「SQL Server 身分驗證」，登錄名為「sa」，密碼輸入安裝時的密碼，勾選「記住密碼」選項，如圖 7-22 所示，單擊「連接」按鈕。

（23）服務器進入【Microsoft SQL Server Management Studio】窗口，表示連接成功，如圖 7-23 所示。

169

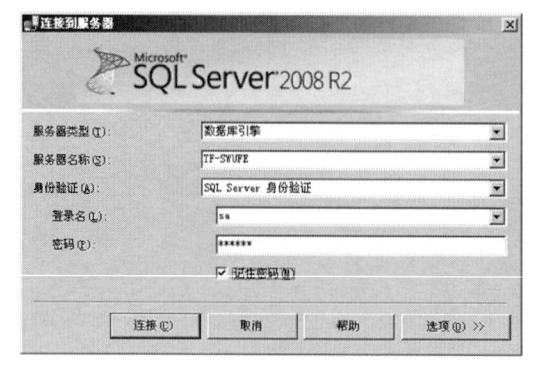

圖 7-22　安裝步驟二十二

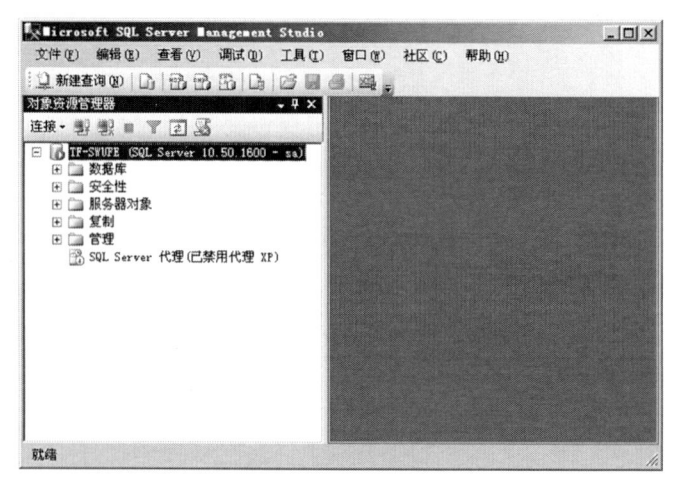

圖 7-23　安裝步驟二十三

7.2　實驗指導二——數據庫設計項目

【實驗要求目的】
1. 瞭解數據庫設計的基本方法和步驟。
2. 瞭解數據庫中需求分析的作用。
3. 掌握 E-R 圖的繪製。
4. 掌握 E-R 圖向關係模式的轉換。
5. 掌握數據庫中表的設計。

第七章　上機實驗指導

【實驗內容】

請完成一個小型網上購物系統的數據庫設計，需求分析已給出，請完成這個數據庫系統的 E-R 圖，並給出相應的關係模式和數據庫中各種表的設計。

需求分析：

（1）用戶管理：註冊用戶可以瀏覽商品和購買商品，其屬性包括用戶 ID（主鍵）、用戶名、密碼、E-Mail、地址。

（2）商品管理：商品屬性有商品號（主鍵）、商品分類、生產廠商、庫存量和其他描述。

（3）商品訂購管理：註冊用戶可以將需要購買的商品放入購物車，付款後生成訂單，其中訂單屬性包含訂單號、客戶號、收貨地址、訂單日期、訂單金額；訂單明細內容包括商品號、單價、訂貨數量。

（4）評論管理：用戶可以對商品發表評論，屬性包括評論號、客戶號、商品號、客戶郵箱、評論內容、評論時間。

網上購物系統主要業務包括：商品信息的發布與查詢、商品的訂購、訂單的處理。

7.3　實驗指導三——數據庫操作及 SQL 命令

【實驗要求目的】

1. 瞭解 SQL Server 數據庫的邏輯結構和物理結構。
2. 瞭解 SQL Server 的基本數據類型。
3. 學會手動方式創建數據庫、修改數據庫、刪除數據庫。
4. 學會 SQL 命令創建數據庫、修改數據庫、刪除數據庫。

【實驗內容】

1. 手動方式操作數據庫

（1）手動方式創建數據庫

創建一個數據庫名字為 db_company，依次執行【對象資源管理器】→【數據庫】→點擊右鍵→【新建數據庫】命令，打開新建數據庫面板，在【數據庫名稱】中輸入數據庫名字 db_company，【所有者】為【默認值】，自動生成數據庫文件邏輯名稱為 db_company，日誌文件邏輯名稱為 db_company_log，其中，數據庫文件初始大小為 3MB，自動增加方式為增量為 1MB，不限制增長，保存路徑為默認路徑值 C：\ Program Files \ Microsoft SQL Servershili \ MSSQL10_50.MSSQLSERVER \ MSSQL \ DATA，日誌文件初始大小為 1MB，增量為 10%，不限制增長。單擊【確定】按鈕，完成數據庫新建任務。

(2) 手動方式修改數據庫

①將數據文件最大大小修改為不受限制。

②為 db_company 數據庫添加一個數據庫文件，名字為 db_company2，路徑為 C：\ Program Files \ Microsoft SQL Servershili \ MSSQL10_50. MSSQLSERVER \ MSSQL \ DATA，初始大小為 5MB，最小大小為 100MB，文件增長方式為 10%。

③刪除新建的數據庫文件 db_company2。

(3) 手動方式刪除數據庫

選中數據庫單擊右鍵選擇【刪除】，打開【刪除對象】屬性頁，【刪除數據庫備份和還原歷史記錄】默認為選中狀態，也可以勾選上【關閉現有連接】，然后單擊【確定】，刪除該數據庫對象。

2. SQL 命令方式操作數據庫

(1) SQL 命令方式創建數據庫，內容同手動操作。

(2) SQL 命令方式修改數據庫，包括修改數據庫文件屬性、初始大小、最大大小、增長方式、添加數據庫文件或者日誌文件以及刪除數據文件或者日誌文件，寫出命令並且測試。

(2) SQL 命令方式刪除數據庫，並且測試。

第七章 上機實驗指導

7.4 實驗指導四——表操作及 SQL 命令

【實驗要求目的】
1. 瞭解 SQL Server 數據庫的邏輯結構和物理結構。
2. 瞭解表的結構特點。
3. 掌握 SQL Server 的基本數據類型。
4. 能夠在數據庫管理系統中手動方式創建表以及修改表和刪除表。
5. 能夠使用 SQL 命令創建表、修改表和刪除表。

【實驗內容】
1. 手動方式操作數據庫表
（1）新建一個表，表數據字典如表 7-1 所示，在數據庫管理系統中實現。

表 7-1　　　　　　　　　　　資金表數據字典

表名稱：	pay_info		含義：		員工工資基本信息	
字段名稱	字段類型	字段長度	是否主鍵	是否為空	字段含義	字段說明
pid	char(8)	8	是	否	工資編號	自增
uid	varchar(10)	輸入字符長度，最多不超過 10		否	用戶 ID	外鍵
salary	smallmoney			否	基本工資	
security	smallmoney			否	社保	
pub_funds	smallmoney			否	公積金	
bonus	smallmoney			是	獎金	
tax	smallmoney			是	個人所得稅	
deduction	smallmoney			是	扣發	
paydate	Date			否	工資生成時間	

（2）修改表結構，步驟如下：
①添加一個字段，name char(8)，不是主鍵，可以為空，手動方式實現。
②修改字段 name，長度改為 10 個字符，手動方式實現。
③刪除添加字段 name。

2. SQL 命令方式操作數據表

（1）SQL 命令方式創建車輛信息表、運輸表以及車輛運輸表，數據字典表各字段如表 7-2、表 7-3、表 7-4 所示。

173

表 7-2 汽車信息表數據字典

表名稱：	car_info		含義：		車輛基本信息	
字段名稱	字段類型	字段長度	是否主鍵	是否為空	字段含義	字段說明
cid	char(4)	4	是	否	車輛編號	
load	int	4		否	載重量	
price	smallmoney	4		否	運費單價	

表 7-3 運算信息表數據字典

表名稱：	tran_info		含義：		運輸基本信息	
字段名稱	字段類型	字段長度	是否主鍵	是否為空	字段含義	字段說明
tid	char(8)	8	是	否	運單號	自增
startdate	smalldatetime	4		否	發車時間	外鍵
startloc	varchar(20)	輸入字符長度，最多不超過 20		否	發車地點	
stopdate	smalldatetime	4		否	收車時間	
stoploc	varchar(20)	輸入字符長度，最多不超過 20		否	收車地點	

表 7-4 汽車運輸關係表數據字典

表名稱：	cartran		含義：		車輛運輸基本信息	
字段名稱	字段類型	字段長度	是否主鍵	是否為空	字段含義	字段說明
tid	char(8)	8	是	否	運單號	
cid	char(4)	4	是	否	車輛編號	
uid	char(4)	4		否	用戶 ID	司機

（2）SQL 命令方式修改表，寫出如下命令並且進行測試。

①為 car_info 添加一個字段 usedate，int 類型，不是主鍵，可以為空，表示汽車年限。

②修改 usedate 數據類型為 tinyint。

③刪除該字段。

（3）SQL 命令方式刪除表 car_info、tran_info、cartran，並且測試。

第七章 上機實驗指導

7.5 實驗指導五——數據更新及 SQL 命令

【實驗要求目的】
1. 瞭解表的結構特點。
2. 瞭解 SQL Server 的基本數據操作。
3. 掌握手動方式更新數據庫表中數據。
4. 掌握 SQL 命令方式更新數據庫表中數據。

【實驗內容】
1. 手動方式修改數據庫表數據
（1）錄入數據如表 7-5 所示。

表 7-5　　　　　　　　　員工信息表數據

用戶 ID uid	姓名 name	性別 sex	出生年月日 birthday	入職時間 entrydate	職位 job
U001	王明	男	1972.11.24	2013.6.1	經理
U002	楊帆	男	1982.8.11	2013.6.1	人事
U003	楊莉	女	1988.11.2	2013.6.1	會計
U004	周玉雲	女	1990.7.9	2013.9.1	會計
U005	陳平	男	1982.10.1	2013.6.1	物流調度
U006	李林	男	1965.5.12	2013.6.1	司機
U007	代剛	男	1977.6.12	2013.9.1	司機

（2）修改代剛的職位，變為物流調度。
（3）刪除 U007 數據。
2. SQL 命令方式修改數據庫表數據
（1）使用 insert into 命令錄入數據表數據，數據字典表各字段如表 7-6、表 7-7、表 7-8 所示。

表 7-6　　　　　　　　　工資信息表數據

工資編號 pid	用戶 ID uid	基本工資 salary	社保 security	公積金 pub_funds	獎金 bonus	所得稅稅 tax	扣發 deduction	工資生成時間 paydate
P1406007	U007	4100	256	600	300	158	0	2014.6.28

表 7-7　　　　　　　　　資金信息表數據

資金編號 asid	用戶 ID uid	支出項 payout	支出數 payoutnum	收入項 income	收入數 incomenum	資金發生時間 assetdate
a1401001	U001	員工工資	10000	運費	5688	2014.01.8
a1401002	U007	獎金	7844	運費	565	2014.01.15

175

表 7-8　　　　　　　　　　　　　運單信息表數據

運單號 tid	發車時間 startdate	發車地點 startloc	收車時間 stopdate	收車地點 stoploc
t1401001	2014.01.8	成都	2014.01.12	上海
t1401002	2014.01.11	成都	2014.01.11	貴陽
t1401003	2014.01.15	成都	2014.01.16	武漢

（2）使用 Update 修改數據，將員工信息表中 U006 的職位改為經理。

（3）使用 Update 修改數據，將工資信息表中編號為 P1406007 的扣發改為 100，獎金改為 0。

（4）使用 update 修改數據，將資金信息表中 2014.01.15 的收入數改為 665，支出數改為 8866。

（5）使用 update 修改數據，將運輸信息表中運單號為 t1401001 的發車地點改為綿陽。

（6）使用 delete 刪除數據，將員工信息表中編號為 U001 的員工信息刪除。

（7）使用 delete 刪除數據，將工資信息表中 U007 號員工工資信息刪除。

（8）使用 delete 刪除數據，將資金信息表中 a1401002 號信息刪除。

（9）使用 delete 刪除數據，將運輸信息表中運單號為收車地點是上海的信息刪除。

7.6　實驗指導六——單表查詢及 SQL 命令

【實驗要求目的】

1. 瞭解表的結構特點
2. 瞭解 SQL Server 的基本數據操作。
3. 掌握 Select 查詢語句的基本語法格式。
4. 能夠熟練使用 Select 語句完成對數據的查詢、排序以及統計等操作。

【實驗內容】

1. 完成下列對列的查詢

（1）查詢員工編號、姓名、入職時間和職位。

（2）查詢工資編號、員工編號、基本工資、社保、公積金。

（3）查詢資金編號、收入項和支出項以及資金發生時間。

（4）查詢車輛編號、運載量。

（5）查詢運單號、發車地點以及收車地點。

第七章　上機實驗指導

（6）查詢員工信息表所有信息。

（7）查詢工資表所有信息。

（8）查詢資金表所有信息。

（9）查詢運輸標所有信息。

（10）查詢員工編號、姓名、性別、入職時間、職位，列標題顯示為漢字。

（11）查詢工資編號、用戶編號、獎金、個人所得稅、扣發，列標題顯示漢字。

（12）查詢員工工資信息表，如果工資大於 5000 元，顯示工資高，3000～5000 元為工資中等，3000 元以下為工資低。

（13）查詢計算基本工資加獎金減去社保、住房公積金、個人所得稅和扣除之後的結余數。

2. 完成下列對行的查詢

（1）查詢公司職位有哪些，消除重複行。

（2）查詢運輸表中出發地都有哪些，消除重複行。

（3）查詢資金信息表前 20 行數據。

（4）查詢車輛運算關係表前 30%數據。

（5）查詢男性司機的員工信息。

（6）查詢比楊莉年齡小的員工信息。

（7）查詢 2013 年 8 月 28 日的公司工資信息。

（8）查詢 2013 年 9 月 28 日基本工資大於 2500 元的工資信息。

（9）查詢公司資金表中由 U001 操作的資金信息。

（10）查詢發車地點為南京的運算基本信息。

（11）查詢姓楊的員工的基本信息。

（12）查詢社保大於 300 元並且公積金大於 500 元的工資信息。

（13）查詢支出項為獎金，或者支出項為郵費的資金信息。

（14）查詢車輛運輸單價大於 220 元的車輛基本信息。

（15）查詢發車時間為 2014 年 2 月 2 日的基本運輸信息。

3. 使用聚合函數的查詢

（1）查詢公司的員工數量。

（2）查詢公司的職位數量。

（3）查詢公司的平均工資、平均社保、平均公積金。

（4）查詢公司的最高工資、最低工資、最高獎金、最低獎金。

（5）查詢公司 2013 年 11 月 28 日發放工資總和、獎金總和。

（6）查詢 U001 號員工在公司期間共領取的工資總和、獎金總和。

（7）查詢公司郵費支出數總和。

（8）查詢公司運費收入總和。

（9）查詢公司車輛的平均載重和平均價格。

（10）查詢公司運輸從成都出發的次數以及到成都的次數。

4. 對查詢結果進行分組

（1）查詢公司每個職位的人數。

（2）查詢公司每個員工領取的獎金總和。

（3）查詢公司每個員工在公司期間的平均工資。

（4）查詢資金表中每個員工操作的運費總和。

（5）查詢每個司機出車次數。

（6）查詢每個車輛出車次數。

5. 對查詢結果進行排序

（1）公司員工進行查詢，從年齡高低進行排序。

（2）查詢公司 2013 年 10 月 28 日工資信息，按工資從低到高排序。

7.7 實驗指導七——多表查詢及 SQL 命令

【實驗要求目的】

1. 瞭解表的結構特點。
2. 瞭解 SQL Server 的基本數據操作。
3. 掌握多表查詢的類型和語法格式。
4. 能夠熟練使用 Select 語句完成對數據的多表查詢任務。

【實驗內容】

1. 連接查詢

（1）查詢王明的基本信息以及 2013 年 7 月 28 日的工資、社保和公積金。

（2）查詢司機的姓名以及 2014 年 1 月 28 日的獎金和扣發情況。

（3）查詢由楊帆操作的資金基本信息。

（4）查詢 2014 年 1 月 8 日運輸的基本信息以及擔任運輸的車輛基本信息。

（5）查詢運單號 t1401003 的車輛基本信息和司機姓名。

2. 嵌套查詢

（1）查詢李林 2013 年 8 月 28 日的工資信息。

（2）查詢周玉雲操作的資金信息。

（3）查詢 2014 年 1 月 11 日運輸的車輛的基本信息。

（4）查詢南昌到上海的運輸車輛的基本信息。

（5）查詢 2014 年 2 月 2 日負責開車的司機的員工信息。

3. 集合查詢

（1）查詢男性員工或職位為司機的員工基本信息。

第七章　上機實驗指導

（2）查詢基本工資大於 3000 元，並且獎金大於 300 元的工資信息。
（3）查詢性別為男，並且職位不是司機的員工信息的差集。
（4）查詢出發地為南京，但是終點不是成都的差集。
（5）查詢載重超過 8 噸，但是價格不大於 210 元的汽車信息。

7.8　實驗指導八——數據庫備份和還原

【實驗要求目的】
1. 瞭解數據庫備份和還原的基本概念。
2. 能夠使用對象資源管理器備份、還原數據庫。
3. 能夠使用 T-SQL 語句備份、還原數據庫。

【實驗內容】
數據庫為 db_company，上機操作，完成下列題目。
1. 使用對象資源管理器完全備份數據庫 db_company。
2. 使用對象資源管理器差異備份數據庫 db_company。
3. 使用對象資源管理器日誌備份數據庫 db_company。
4. 使用 T-SQL 語句完全備份數據庫 db_company。
5. 使用 T-SQL 語句差異備份數據庫 db_company。
6. 使用 T-SQL 語句日誌備份數據庫 db_company。
7. 使用對象資源管理器還原完全備份的數據庫 db_company。
8. 使用 T-SQL 語句還原完全備份的 db_company 數據庫文件。
9. 使用 T-SQL 語句還原日誌備份的 db_company 數據庫文件。

7.9　實驗指導九——索引

【實驗要求目的】
1. 瞭解索引的基本概念。
2. 能夠使用對象資源管理器創建、刪除索引。
3. 能夠使用 T-SQL 語句創建、刪除索引。

【實驗內容】
數據庫為 db_company，上機操作。首先還原數據庫 db_company，然後完成下列題目。
（1）用對象資源管理器在表 user_info 的「name」列上建立非聚簇索引，索引

名為 uname_index。

①依次展開對象資源管理器中的「+」節點直到找到要創建索引的表 user_info；單擊鼠標右鍵，在彈出的菜單中選擇「設計」，打開表 user_info；選中表 user_info 中要創建索引的列「name」，單擊鼠標右鍵，在彈出的菜單中選擇「索引/鍵」或者在菜單欄的「表設計器」中選擇「索引/鍵」。

②在彈出的「索引/鍵」對話框中，點擊「添加」按鈕，在右邊的「常規」選項中設置該索引的屬性。

③設置完成后，點擊「關閉」按鈕，完成並結束索引的創建。

（2）用對象資源管理器刪除索引 uname_index。

①展開對象資源管理器，直到找到要刪除索引的表 user_info，在該表的折疊項中找到「索引」並展開；選中要刪除的索引「uname_index」，單擊鼠標右鍵，在彈出的菜單中選擇「刪除」命令。

②在彈出的「刪除對象」對話框中，點擊「確定」按鈕，完成並結束索引的刪除。

（3）用 T-SQL 語句在表 pay_info 的「pid」列上建立非聚簇索引，索引名為 pay_index，順序為降序。

USE db_company

Create index nonclustered　index pay_index

On pay_info（pid desc）

（4）用 T-SQL 語句刪除索引 pay_index。

USE db_company

Drop index pay_info. pay_index

（5）用對象資源管理器在表 car_info 的「cid」列上建立非聚簇索引，索引名為 carid_index。

（6）用 T-SQL 語句在表 asset 的「uid」上建立非聚簇索引，索引名為 asu_index，順序為升序。

（7）用 T-SQL 語句在表 cartran 的「uid」列上建立非聚簇索引，索引名為 ucartran_index，順序為降序。

（8）刪除索引 carid_index、asu_index 和 ucartran_index。

7.10　實驗指導十——視圖

【實驗要求目的】

1. 瞭解視圖的基本概念。

第七章　上機實驗指導

2. 能夠使用對象資源管理器創建、查詢視圖。

3. 能夠使用 T-SQL 語句創建、查詢、刪除視圖，通過視圖進行數據的插入、更新和刪除。

【實驗內容】

數據庫為 db_company，上機操作。首先還原數據庫 db_company，然後完成下列題目。

（1）使用對象資源管理器創建視圖名為 sjinfo_view（描述職位為司機的員工信息）的視圖，並查看視圖中的數據。

①依次展開對象資源管理器中的「+」節點直到 db_company 下「視圖」節點；單擊鼠標右鍵，選擇「新建視圖」命令。

②在彈出的「添加表」對話框中選擇與創建視圖相關的表、視圖、函數或同義詞。選擇完成後，點擊「添加」按鈕。

③在彈出的窗口中選擇創建視圖需要的字段，並可以指定各列的別名、排序類型、排序順序和篩選條件等。指定 job 字段的篩選條件為「司機」。設置完成後，點擊「保存」按鈕出現「保存視圖」的對話框。輸入視圖名後點擊「確定」按鈕就完成了視圖 sjinfo_view 的創建。

④選中需要查看的視圖 dbo. sjinfo_view，單擊鼠標右鍵，在彈出的菜單中選擇「選擇前 1000 行」命令就可以查看視圖中的數據。

（2）為職位是司機的員工創建視圖 sjpay_view，包括用戶 ID、工資單編號、姓名和獎金。

CREATE VIEW sjpay_view

AS

SELECT user_info. uid，name，pid，bonus

FROM user_info，pay_info

WHERE user_info. uid=pay_info. uid and job='司機'

（3）為職位是司機的員工創建他們平均獎金的視圖 sjpay_avg，包括用戶 ID（在視圖中列名為員工編號）和平均獎金（在視圖中的列名為平均獎金）。

（4）查詢司機的平均獎金。

（5）創建視圖 user_entrayday_view，包含 2013 年 6 月 1 日入職的員工的用戶 ID、姓名和職位。

use db_company

Create view user_entrayday_view

as

Selecte uid，name，job

From user_info

Where entrayday='2013. 6. 1'

181

(6) 查詢 2013 年 6 月 1 日入職會計的 ID、姓名和職位。

use db_company

Select * from user_entrayday_view

Where job='會計'

(7) 創建視圖 userbonus_view，包含所有員工的 ID、姓名和獎金，列名分別為「員工編號」、「姓名」和「獎金」。

Use db_company

Create view userbonus_view（員工編號，姓名，獎金）

As

Select user_info.uid, name, bonus

From user_info, pay_info

Where user_info.uid=pay_info.uid

(8) 創建視圖 userbonus500_view，其中包含獎金超過 500 元的員工的 ID、姓名和獎金。

Use db_company

Create view userbonus500_view

as

Select * From userbonus_view

Where bonus>500

(9) 創建視圖 assetpayout_view，其中包含各員工的 ID、姓名和資金支出信息。

Use db_company

Create view assetpayout_view

As

Select asset_info.uid, name, payout, paypoutnum

From asset_info, user_info

Where asset_info.uid=user_info.uid

(10) 創建一個視圖名為 assetpayout_totalview，包含每個員工的 ID 和總支出額。

Use db_company

Create view assetpayout_totalview（員工編號，總支出額）

As

Select uid, sum（payoutnum）

From assetpayout_view

Group by uid

(11) 創建視圖 carinfo_view，包含車輛的基本信息，列名分別為「車輛編號」、「載重」、「單價」。

Use db_company

Create view carinfo_view（車輛編號，載重，單價）

As

Select * From car_info

（12）向視圖 carinfo_view 中插入數據（'c011',10,260）。

Use db_company

Insert into carinfo_view values（'c011',10,260）

（13）將視圖 carinfo_view 中所有車輛的單價均減少 10 元。

Use db_company

Update carinfo_view

Set price=price-10

（14）創建視圖 cartran_view，包含每輛車的詳細運輸信息。

Use db_company

Create view cartran_view

As

Select car_info.cid，tran_info.tid，startdate，startloc，stopdate，stoploc

From car_info，tran_info，cartran

Where car_info.cid=cartran.cid and tran_info.tid=cartran.tid

（15）刪除視圖 carinfo_view 中車輛編號為 c011 的車輛信息。

Use db_company

Delete from carinfo_view

Where cid='c011'

（16）刪除視圖 kjinfo_view 和 carinfo_view。

Use db_company

Drop view kjinfo_view，carinfo_view

7.11 實驗指導十一——存儲過程

【實驗要求目的】

1. 瞭解存儲過程的基本概念。
2. 能夠使用對象資源管理器創建、刪除存儲過程。
3. 能夠使用 T-SQL 語句創建、刪除存儲過程。

【實驗內容】

數據庫為 db_company，上機操作。首先還原數據庫 db_company，然后完成下列題目。

數據庫管理與應用

（1）使用對象資源管理器創建一個存儲過程 pr_carinfo，其作用是查看 db_company 數據庫中某車輛的記錄，具體操作步驟如下：

①依次展開對象資源管理器中的「+」節點直到 db_company 下「可編程性」節點；展開「可編程性」節點，右擊「存儲過程」，點擊「新建存儲過程」，出現創建存儲過程的查詢編輯器窗格。

②在「查詢」菜單中點擊「指定模板參數的值」，在彈出的對話框設置完成後，點擊「確定」按鈕（參數 procedure_name 設置為 pr_carinfo，@Paran1 設置為@p1，數據類型為 char，默認值為 c001）。

③在查詢編輯器窗格中，將「Add the parameters for the stored procedure here」下面第一行最後的逗號和第二行刪除；在「Insert statements for procedure here」下面輸入查詢的 T-SQL 語句「select * from car_info where cid=@p1」。

④在「查詢」菜單中點擊「分析」測試語法後，點擊「執行」創建存儲過程。

（2）使用對象資源管理器刪除存儲過程 pr_carinfo。

依次展開對象資源管理器中的「+」節點直到 db_company 下「可編程性」節點；展開「可編程性」→「存儲過程」，選中要刪除的存儲過程 pr_carinfo，點擊右鍵，再點擊「刪除」。

（3）創建一個存儲過程 pr_assetview，它接收一個用戶 ID，並顯示該用戶審核的資金支出和收入信息。

Use db_company

Create procedure pr_assetview @myid char(4)

As

Select uid, payout, payoutnum, income, incomenum, assetdate

From asset_info

Where uid=@myid

GO

Exec pr_assetview 'U007'

（4）創建一個存儲過程 pr_userAdd，將以下數據添加到表 user_info 中。

(uid：U010；name：王璐)

Use db_company

Create procedure pr_userAdd @uid char(4), @name varchar(20)

As

Insert user_info

Values (@uid, @name)

GO

Exec pr_pr_userAdd 'U010', '王璐'

（5）創建一個存儲過程 pr_carview，它返回某輛運輸車的載重和單價。

Use db_company

Create procedure pr_carview @cid char(4), @load int output, @price smallmoney output

As

Select @load=loads, @price=price

From car_info

Where cid=@cid

GO

Declare @myload int

Declare @myprice smallmoney

Exec pr_carview 'c001', @myload output, @myprice output

Select @myload, @myprice

（6）創建一個存儲過程 pr_traninfo，用於顯示從某個城市發車的運單信息。

Use db_company

Create procedure pr_traninfo @startloc varchar(20)

As

Select * from tran_info

Where startloc=@startloc

GO

Exec pr_traninfo '成都'

（7）刪除存儲過程 pr_userAdd。

Use db_compamy

Drop procedure pr_userAdd

7.12 實驗指導十二——觸發器

【實驗要求目的】

1. 瞭解觸發器的基本概念。
2. 能夠使用對象資源管理器創建、刪除觸發器。
3. 能夠使用 T-SQL 語句創建、刪除觸發器。

【實驗內容】

數據庫為 db_company，上機操作。首先還原數據庫 db_company，然後完成下列題目。

（1）使用對象資源管理器創建觸發器 trgcar1，當向表 car_info 插入、更新、刪

除數據之后被觸發。

①依次展開對象資源管理器中的「+」節點直到 db_company 中表 dbo. car_info 下的「觸發器」節點；單擊鼠標右鍵，在彈出的菜單中選擇「新建觸發器」。

②在點擊「新建觸發器」后出現的窗口中輸入 SQL 語句。

Use db_company
GO
Create trigger trgcar1 on car_info
After insert, update, delete
As
Select * from car_info
go

③點擊菜單欄上的 执行(X) 按鈕，則在該表的「觸發器」節點下面就可以看到新建的觸發器 trgcar1。

（2）使用對象資源管理器刪除觸發器 trgcar1。

依次展開對象資源管理器的「+」節點直到表下的「觸發器」節點；展開「觸發器」節點，選中要刪除的觸發器 trgcar1 后單擊鼠標右鍵，在彈出的菜單中選擇「刪除」即可。

（3）創建一個觸發器 trgInsertUser1，當向表 user_info 中插入數據時，如果出現重複的 ID，則產生回滾。

Use db_company
GO
Create trigger trgInsertUser1 on user_info
After insert
As
Begin
    Declare @ id char(4)
    Select @ id=inserted. uid from inserted
    If exists (select uid from user_info where uid=@ id)
    Begin
        Raiserror ('用戶 ID 不允許重複，插入失敗！', 16, 1)
        Rollback
    End
End

（4）創建一個觸發器 trgInsertUser2，當向表 user_info 中插入數據時，如果性別輸入不正確，給出錯誤提示，但不回滾。

Use db_company

第七章 上機實驗指導

```
GO
Create trigger trgInsertUser2 on user_info
After insert
As
Declare @mysex char(2)
Select @mysex=sex from inserted
If @mysex<>'男' or @mysex<>'女'
Raiserror ('性別只能是男或者是女', 16, 1)
Rollback
Go
```

（5）創建一個觸發器 trgNotUpdate，防止表 user_info 中的用戶 ID 被修改。

```
Use db_company
Go
Create trigger trgNotUpdate on user_info
After update
As
If update (uid)
Begin
    Raierror ('不能修改用戶 ID', 16, 2)
    Rollback
End
Go
```

（6）在 user_info 表中創建一個刪除觸發器 trgDeleteUid，當在 user_info 表中刪除某一條記錄后，觸發該觸發器，在 pay_info 表中刪除與此用戶 ID 對應的記錄。

```
Use db_company
Go
Create trigger trgDeleteUid
On user_info
After delete
As
Print '刪除觸發器開始執行……'
Declare @myuid char(4)
Print '把在 user_info 表中刪除的記錄的用戶 ID 賦值給局部變量@myuid。'
Select @myuid=uid from deleted
Print '開始查找並刪除 pay_info 表中的相關記錄……'
Delete from pay_info
```

Where uid=@myuid
Print '刪除了 pay_info 中用戶 ID 為' + rtrim（@myuid）+ '的記錄'
GO

（7）刪除觸發器 trgInsertUser1。
Use db_company
Drop trigger trgInsertUser1
Go

7.13　實驗指導十三——VB/SQL 數據庫開發

【實驗要求目的】
1. 理解 VB/SQL 的原理。
2. 瞭解幾種數據訪問方法的不同之處。
3. 能夠使用 VB 程序完成基本的界面設計。
4. 能夠在編寫的 VB 代碼中使用 SQL 語句，實現表數據查詢、刪除和增加操作。

【實驗內容】
將前面實驗中完成的數據庫整理完畢，確保裡面數據的完整和正確。然後根據設計的信息系統中的主要功能，使用 Visual Basic 6.0 程序完成界面設計，最終實現通過應用程序訪問數據的操作。

1. 實現對「財務管理」中的「收入/支出結算」功能
（1）數據表結構如表 7-9 所示。

表 7-9　　　　　　　　數據表結構——公司資金基本信息

表名稱	asset_info		含義		公司資金基本信息	
字段名稱	字段類型	字段長度	是否主鍵	是否為空	字段含義	字段說明
asid	char(8)	8	是	否	資金編號	自增
uid	char(4)	4		否	用戶 ID	外鍵
payout	varchar(20)	輸入字符長度，最多不超過 20		是	支出項	
payoutnum	smallmoney	4		是	支出數	
income	varchar(20)	輸入字符長度，最多不超過 20		是	收入項	
incomenum	smallmoney	4		是	收入數	
assetdate	smalldatetime	4		否	資金發生時間	

第七章　上機實驗指導

（2）完成思路

某企業收支的結算可分為以「天」、「月」、「季度」來進行。首先，在界面設計時應考慮有共項的選擇，進而映射到「資金發生時間」字段值的範圍。其次，結算值的結算，涉及對應字段值的計算。最后，將較為合理的結算結果在應用程序界面中顯示出來。

2. 實現對「人員管理」中的「工資管理」功能

（1）數據表結構，如表 7-10 所示。

表 7-10　　　　　　　　數據表結構——員工工資基本信息

表名稱	pay_info		含義		員工工資基本信息	
字段名稱	字段類型	字段長度	是否主鍵	是否為空	字段含義	字段說明
pid	char(8)	8	是	否	工資編號	自增
uid	char(4)	4		否	用戶 ID	外鍵
salary	smallmoney	4		否	基本工資	
security	smallmoney	4		否	社保	
pub_funds	smallmoney	4		否	公積金	
bonus	smallmoney	4		是	獎金	
tax	smallmoney	4		是	個人所得稅	
deduction	smallmoney	4		是	扣發	
paydate	smalldatetime	4		否	工資生成時間	

（2）完成思路

此處的工資管理功能應該站在管理員的角度來完成給某位員工設定「基本工資」值，以及根據該值並使用正確的計算公式自動計算出其他值，如「社保」、「公積金」、「個人所得稅」等，應用程序界面隨之顯示。在確保正確無誤的情況下最終寫入到數據庫中。

附　錄　SQL 命令查詢

● 1　數據庫的操作

1.1　數據庫的創建 create database name

課程數據庫名稱為 db_stu，分別創建數據文件和事物日誌，數據文件為 db_stu_data，保存在 C：\ Program Files \ Microsoft SQL Server \ MSSQL \ Data \ db_stu_data. MDF，初始大小為 10MB，最大大小為 5MB，數據庫增長按 5% 比例增長；日誌文件為 db_stu_log，保存在 C：\ Program Files \ Microsoft SQL Server \ MSSQL \ Data \ db_stu_log. LDF，大小為 2MB，最大可增長到 100MB，按 1MB 增長。

　　create database db_stu
　　on
　　(
　　name = db_stu_data,
　　filename = 'C：\ Program Files \ Microsoft SQL Server \ MSSQL \ Data \ db_stu_data. MDF',
　　size = 10MB,
　　maxsize = 50MB,
　　filegrowth = 5%
　　)
　　log on
　　(

name = db_stu_log,

filename = ' C： \ Program Files \ Microsoft SQL Server \ MSSQL \ Data \ db_stu_log. LDF ',

size = 2MB,

maxsize = 100MB,

filegrowth = 1MB

)

1.2 數據庫的修改 alter database name

1.2.1 修改方式1——修改 modify

將數據文件的最大大小改為不受限制。

Alter database db_stu

Modify file

(

Name = db_stu_data,

Maxsize = unlimited

)

1.2.2 修改方式2——添加 add

向數據庫再添加一個數據文件。

Alter database db_stu

Add file

(

Name = db_stu_data2,

filename = ' C： \ Program Files \ Microsoft SQL Server \ MSSQL \ Data \ db_stu_data2. MDF ',

size = 10MB,

maxsize = 50MB,

filegrowth = 5%

)

1.2.3 修改方式3——刪除 remove

刪除數據庫的數據文件。

Alter database db_stu

Remove file db_stu_data2

1.3 數據庫的刪除 drop database

Drop database db_stu

2 關係表的操作

2.1 關係表的創建 create table name

Student 表結構如表 1 所示。

表 1　　　　　　　　　　　　Student 表結構

列名	數據類型	長度	是否可以為空	說明
Sno	char	10	X	學號
Sname	char	30	X	姓名
Sage	Int	4	X	年齡
Ssex	Int	4	√	性別
Sdept	char	20	√	年級

use db_stu

create table Student

(

Sno char(10) not null primary key,

Sname char(30) not null,

Sage int not null,

Ssex int null,

Sdept char(20) null

)

2.2 關係表的修改 alter table name

2.2.1　修改方式 1——修改 alter column

將關係表字段 Ssex 改為 bit 類型。

Alter table student

Alter column Ssex bit

2.2.2　修改方式 2——添加 add

向關係表再添加一個字段。

Alter table student

Add Sdel char(11) null

2.2.3　修改方式 3——刪除 drop column

刪除關係表字段。

Alter table student

Drop column Sdel

2.3 關係表的刪除 drop table name

Drop table student

3 表數據的操作

3.1 表數據的錄入 insert into table values

Student 表記錄數據如表 2 所示。

表 2　　　　　　　　　　Student 表記錄數據

Sno	Sname	Sage	Ssex	Sdept
40900001	小紅	19	0	09
40900002	小張	20	1	09
40900003	小明	19	1	09
40900004	小白	19	0	09

insert into Student values ('40900001', '小紅', 19, 0, '09')

insert into Student values ('40900002', '小張', 20, 1, '09')

insert into Student values ('40900003', '小明', 19, 1, '09')

insert into Student values ('40900004', '小白', 19, 0, '09')

3.2 表數據的修改 update table set

將所有同學的年齡都增加一歲。

Update student

Set Sage = Sage+1

3.3 表數據的刪除 delete from name

將男同學的記錄都刪除。

Delete from student

Where Ssex = 1

4 數據表查詢

SELECT select_list ［ INTO new_table ］

［ FROM　table_source ］

［ WHERE search_condition ］

［ GROUP BY <列名>［, <列名>…］］

［ HAVING　search_condition］

［ ORDER BY <列名>［ ASC｜DESC］［, <列名>…］［ ASC｜DESC］］

4.1 對列的相關查詢 select table_list from table

4.1.1 選擇一個表中指定的列 select table_list from table

查詢學生的學號、姓名及年齡。

SELECT Sno, Sname, Sage　FROM Student

4.1.2 查詢全部列 select * from table

SELECT *　FROM Student

4.1.3 修改查詢結果中的列標題 select list as list_name from table

查詢數據表 Student 中所有學生的學號及年齡，結果中各列的標題分別指定為學號、年齡。

SELECT Sno as 學號, Sage as　年齡　FROM Student

或者　SELECT Sno　學號, Sage　年齡　FROM Student

或者　SELECT 學號=Sno, 年齡= Sage　FROM Student

4.1.4 替換查詢結果中數據 select list case when then end from table

查詢數據表 Student 的學生的所有記錄，結果按（學號，姓名，性別，年齡，院系）顯示。對於性別按以下規定顯示：性別為 0 則顯示為男；性別為 1 則顯示為女。

SELECT　Sno 學號, Sname 姓名,

　　　　　性別=　case　when Ssex=0　then　'男'

　　　　　　　　　　　when Ssex=1　then　'女'

end age 年齡, Sdept 院系

FROM Student

4.1.5 查詢經過計算的值 select expression from table

顯示學生的學號、姓名及出生年份。

SELECT　Sno 學號, Sname 姓名,

　　　　出生年份= year（getdate( )）- Sage

FROM Student

註：year（getdate( )）= 2010

194

4.2 對行的相關查詢 select table_list from table

4.2.1 消除結果集中的重複行 distinct
查詢學生的性別和年齡，消除重複的行。
Select distinct Ssex，Sage from student

4.2.2 限制結果集的返回行數 top n percent
查詢學生的成績前5行記錄。
Select top 5 * from chose
查詢學生的成績前30%的記錄。
Select top 30 percent * from chose

4.2.3 查詢滿足條件的行 select list from table where
（1）邏輯運算符（and not or）
查詢院系為09級或08級的學生的記錄。
SELECT * FROM Student WHERE Sdept ='09' or Sdept ='08'
（2）比較運算符（= < <= > >= <> ! = ! < ! >）
查詢年齡大於18歲小於22歲的學生記錄。
SELECT * FROM Student WHERE Sage>=18 and Sage<=22
（3）指定範圍（between 和 not between）
查詢年齡大於18歲小於22歲的學生記錄。
SELECT * FROM StudentWHERE Sage between 18 and 22
查詢學分不在1分到3分的課程號及課程名。
SELECT Cno，Cname FROM Course WHERE Ccredit not between 1 and 3
（4）確定集合 in 與 not in
查詢年齡為18歲、19歲或20歲的學生記錄。
SELECT * FROM Student WHERE Sage in (18，19，20)
查詢院系為09級或08級的男學生的記錄。
SELECT * FROM Student WHERE Sdept in ('09'，'08') and Ssex='男'
（5）字符匹配（like 和 not like）
查找學號以2002開頭的所有學生記錄。
SELECT * FROM Student WHERE Sno like '2002%'
查找學號中第5個字符為5的所有學生記錄。
SELECT * FROM Student WHERE Sno like '____5%'
查找學號中第5個字符不是5的所有學生記錄。
SELECT * FROM Student WHERE Sno like '____[^5]%'
（6）空值比較（is null 和 is not null）

查找目前院系不明的所有學生記錄。

SELECT * FROM Student WHERE Sdept is null

查找目前已經確定院系的所有學生記錄。

SELECT * FROM Student WHERE Sdept is not null

4.3 對查詢結果排序 order by list_name asc | desc

查詢選修課程號為 3 的學生的成績情況，並按照分數降序排列。

Select * from chose where Cno ='003' order by score Desc

查詢所有學生的成績情況，先按照課程號升序排列，再按照分數降序排列。

Select * from chose order by Cno, score Desc

4.4 使用聚合函數 SUM( )、AVG( )、MIN( )、MAX( )、COUNT( )

查看院系為計算機的學生的平均年齡。

Select 平均年齡 = avg(Sage) From Student Where Sdept='計算機'

顯示出來學生的最大年齡、最小年齡和平均年齡。

Select 最大年齡 = max(Sage)，最小年齡 = min(Sage)，平均年齡 = avg(Sage) From Student

查詢參加選課學生的個數。

Select count(distinct sno) as 選課學生個數 From chose

4.5 對查詢結果分組 group by

查看各個院系的學生數量。

Select Sdept, count(Sno) From Studentgroup by Sdept

查詢表中每個院系男女生個數。

Select Sdept, Ssex, count(*) From Studentgroup by Sdept, Ssex

查看各個課程的平均成績。

Select Cno, avg(score) From chose group by Cno

4.6 分組數據進行過濾 having

查找男生人數超過 20 的年級。

Select Sdept From Student where Ssex ='男' group by Sdepthaving count(*) >= 20

查看平均成績在 60 分以上的各個課程。

Select Cno, avg(Grade) as '平均成績' From chose group by Cno having avg(Grade) >= 60

4.7 產生額外的匯總行 Compute

查找計算機院系學生的學號、姓名,並統計 CS 的學生人數。

Select Sno, Sname From Student where Sdept='計算機' compute count(Sno)

5 多表查詢

5.1 連接查詢

select [all | distinct] <目標列表達式> [, <目標列表達式>] …
from <表名 1> [, <表名 2>] …
[where<條件表達式>]
Where 子句中用來連接兩個表的條件稱為連接條件或連接謂詞。
一般格式為:[<表名 1>.] <列名 1> <比較運算符> [<表名 2>.] <列名 2>

5.1.1 條件連接

查詢選修課程號為 2 的學生姓名。

SELECT sname FROM Student, chose WHERE Student.Sno = chose.sno and chose.cno='2'

查詢學號為 40900001 的學生的姓名、院系、課程號及成績。

SELECT sname, sdept, cno, score
FROM   Student, chose
WHERE   Student.Sno=『40090001' and Student.Sno = chose.Sno

查詢每個學生的學號、姓名、院系及選修課程的課程號、課程名和課程成績。

SELECT Student.sno, sname, sdept, course.cno, cname, score
FROM   Student, course, chose
WHERE   Student.Sno = chose.Sno and course.cno=chose.cno

查詢選修課學分在 3 分以上的的學生的學號、姓名、課程號、課程名、學分及成績。

SELECT Student.sno, sname, course.cno, cname, ccredit, score
FROM   Student, course, chose
WHERE   Student.Sno = chose.Sno and course.cno=chose.cno and ccredit >=3

5.1.2 自身連接

查詢和「郭進」一個院系的其他學生的基本情況。

SELECT * FROM Student a, student b
WHERE   a.Sname='郭進' and a.Sdept= b.Sdept

查詢在同一個系的學生的基本情況。

SELECT * FROM Student a, student b

WHERE   a. sno<>b. sno   and   a. Sdept= b. Sdept

5.2 嵌套查詢

5.2.1 帶有 In 謂詞的子查詢

查詢選修課程號為 2 的學生姓名。

SELECT Sname FROM Student

WHERE Sno IN (SELECT Sno   FROM chose WHERE Cno = ' 2 ')

查詢沒有選修課程的學生的基本情況。

SELECT * FROM Student

WHERE Sno not in (SELECT sno FROM chose)

5.2.2 帶有比較運算符的子查詢

查詢和「李勇」不在一個院系的學生基本情況。

SELECT * FROM Student

WHERE Sdept <> (SELECT Sdept FROM Student WHERE sname = '李勇')。

查找查詢年齡高於平均年齡的學生的基本信息

SELECT * FROM Student

WHERE Sage > (SELECT avg(sage) FROM student)

5.2.3 帶有 EXISTS 謂詞的子查詢

查詢參加選修的學生信息。

SELECT * FROM   student

WHERE EXISTS (SELECT * FROM chose   WHERE student. sno = chose. sno)

5.3 集合查詢

5.3.1 並操作 UNION

查詢09級的學生或年齡不大於19歲的學生。

SELECT * FROM Student WHERE Sdept = ' 09 '

UNION

SELECT * FROM Student WHERE Sage<=19

5.3.2 交操作 INTERSECT

查詢09級年齡且小於等於19歲的學生集合。

SELECT * FROM Student WHERE Sdept =' 09 '

INTERSECT

SELECT * FROM Student WHERE Sage<=19

5.3.3 差操作 EXCEPT

查詢09級的學生與年齡不大於19歲的學生的差集。

SELECT * FROM Student WHERE Sdept='09'
EXCEPT
SELECT * FROM Student WHERE Sage<=19

國家圖書館出版品預行編目(CIP)資料

數據庫管理與應用 / 郭進，徐鴻雁 主編. -- 第一版.
-- 臺北市：財經錢線文化出版：崧博發行，2018.10
　　面　；　公分
ISBN 978-957-680-233-1(平裝)
1.資料庫 2.資料庫管理系統
312.74　　　　107017781

書　　名：數據庫管理與應用
作　　者：郭進、徐鴻雁 主編
發 行 人：黃振庭
出 版 者：財經錢線文化事業有限公司
發 行 者：崧博出版事業有限公司
E-mail：sonbookservice@gmail.com
粉絲頁　　　　　　網　址：
地　　址：台北市中正區延平南路六十一號五樓一室
8F.-815, No.61, Sec. 1, Chongqing S. Rd., Zhongzheng
Dist., Taipei City 100, Taiwan (R.O.C.)
電　　話：(02)2370-3310　傳　真：(02) 2370-3210
總 經 銷：紅螞蟻圖書有限公司
地　　址：台北市內湖區舊宗路二段 121 巷 19 號
電　　話：02-2795-3656　　傳真：02-2795-4100　網址：
印　　刷：京峯彩色印刷有限公司（京峰數位）

　　本書版權為西南財經大學出版社所有授權崧博出版事業有限公司獨家發行電子書及繁體書繁體版。若有其他相關權利及授權需求請與本公司聯繫。

定價：400元
發行日期：2018 年 10 月第一版
◎ 本書以POD印製發行